ブレイクスルー JavaScript

フロントエンドエンジニアとして越えるべき5つの壁
オブジェクト指向からシングルページアプリケーションまで

太田智彬、田辺丈士、新井智士、大江遼、株式会社アイ・エム・ジェイ

はじめに

本書の位置づけ

　JavaScriptが登場したのは1995年。「Netscape Navigator 2.0」いわゆる「ネスケ」というWebブラウザに実装されたのが最初でした。プログラミングの知識があまりなく、開発環境が揃っていなくても手軽に始めることができたことから、Webページをかっこ良くみせたり、ちょっとした（無駄な）動きを付けるために使用されたり、ページの読み込みを遅くしたり、ユーザーにとってはむしろ大きなストレスを与えるものとして、敬遠されるようになりました。

　そうした背景を持ち、その後も2000年初期まで受難の時代を送っていたJavaScriptは、今やWebページのフロントエンドのみならず、モバイル向けアプリケーションの開発、業務アプリケーションのフロントエンド開発、または大規模なWebアプリケーションのサーバサイドプログラミングなど、あらゆる分野での活用が始まりつつあり、近年その利用シーンが急速に広がり、最も注目を浴びているプログラミング言語の一つとなってきています。

　JavaScriptが受難の時代を脱した一つの要因として挙げられるのが、Ajaxへの注目でした。Ajaxの起源は、1999年に登場したInternet Explorer 5に実装されたXMLHttpRequestで、その後Firefox・Opera・Safariなど多くのWebブラウザがAjaxに対応していきました。

　そして、その普及に合わせるようにしてGoogleは、2004年にGmailを、2005年にGoogle Mapsをリリースしました。Google Mapsでは地図上でマウスをドラッグするとその動きに合わせて地図がリアルタイムに移動し、それまで画面外にあった地図はサーバからの情報を動的に受信し、ページを再読み込みすることなく表示されていく。今では当然のものとして利用されていますが、当時は、それまでネイティブアプリケーションでしか実現できないと思われていた機能がWebブラウザ上で実現されていたことに多くの人が驚き、Ajaxを通して、JavaScriptは本格的な機能を備えたWebアプリケーション開発にも使用可能であるという認識が広まっていきました。

　同時に、jQueryのようなJavaScriptライブラリが続々と登場したこともJavaScriptの普及に拍車をかけました。それまで実装者の頭を悩ませていたWebブラウザ間の解釈・実装の差異を吸収してくれるjQueryは、Web開発者の救世主として今や標準的なライブラリの地位を占めるようになり、JavaScriptの本格的な実装の壁を取り除いてくれました。さらにiPhoneの登場後には、jQuery Mobileに代表されるモバイルアプリケーションを開発するライブラリも登場し、最近ではBackbone.jsなどのMVCアーキテクチャを実現するJavaScriptライブラリも続々登場しJavaScriptによる大規模なWebアプリケーション開発への環境も整い始めました。

　さらに、2010年ごろから注目され始めたHTML5は、Webをアプリケーションプラットホームとすることをコンセプトに多くの仕様が策定されており、audio・video・Canvas・Web StorageなどJavaScriptを使用して制御できる新たな機能が追加されました。

また、Node.jsはサーバサイドでのJavaScriptの存在感を一気に高めました。単にサーバサイドのプログラミング言語としてJavaScriptが使えるだけでなく、非同期処理やノンブロッキングI/Oなどの機能を備えたことで、スケーラビリティの高いWebアプリケーションの基盤として適していることも大きな特徴で、JavaScriptの可能性をこれまで以上に広げています。

　こうしたJavaScriptを取り巻く状況の変化と需要の拡大にともない、もはやフロントエンドエンジニアにとってJavaScriptの深い知識と高いスキルは必須となり、その流れは今後もさらに加速するでしょう。

　本書は、この柔軟かつ表現力の高いJavaScriptをより実践に則したサンプルをもとに解説し、そのコアとなる機能に理解を深め、こうした激しい変化と流行の移り変わりに対しても遅れを取らず、確実に追従できるためのJavaScriptの本質を理解し応用力を養うことを目的としています。

対象読者について

　本書は、JavaScriptの入門書ではありません。そのため、プログラミング入門書の第1章に必ずある、変数・演算子・配列・条件分岐・ループなどの説明については一切省いています。また、単なるJavaScriptの仕様を解説するものでもありません。

　かといって、JavaScript上級者のみを対象としたものでもありません。上級者、もしくは自分の腕に自信のある方にとっては、「何を今さら？」といった内容があるかもしれません。万が一、そういった方が誤って本書を購入してしまったのであれば、自らを誇りに思いつつ、隣のJavaScript初心者にそっとプレゼントしてあげてください。

　本書が対象とする読者は、以下のような方です。

- JavaScriptの基本は理解しているつもりである
- JavaScriptよりもHTML&CSSが好きである
- JavaScriptは体系的に学んでこなかったが、特に仕事で困らない（誰かが助けてくれるから）
- jQueryプラグインでなんとか生き延びてきた
- サイ本（『JavaScript』オライリー刊）や仕様書を途中まで読んで諦めた経験がある
- プログラミング言語は他に触ったことがない

　そして、その先、その一段上を目指し、もう一度JavaScriptを体系的に学び直そうとしている勇者を本書は温かく歓迎してくれるはずです。そのため、本書ではサンプル作成に主眼をおいています。そのサンプルも日頃皆さんに馴染みの深いモーダルウィンドウなどです。それらを通してJavaScriptのコアとなる部分の理解を深め、読者の皆さんがブレイクスルーしていただけけることを願っています。

目次

Chapter-01　オブジェクト指向　　007

	目標　概要と達成できること	008
Section-01	基本　プロトタイプを理解する	010
Section-02	基本　クロージャを理解する	013
Section-03	基本　オブザーバーを理解する	016
Section-04	基本　this を理解する	019
Section-05	実践　リアルタイムバリデーションを作る	022

Chapter-02　UI・インタラクティブ表現　　033

	目標　概要と達成できること	034
Section-01	基本　押さえておきたいイベントのポイント	038
Section-02	実践　click イベントを処理する	042
Section-03	実践　resize イベント・load イベントを処理する	050
Section-04	実践　動的に追加した要素でもイベントを処理する	054

Chapter-03　グラフィック表現　　059

	目標　概要と達成できること	060
Section-01	基本　Canvas の対応状況	062
Section-02	実践　パーティクルを描いて動かす	064
Section-03	実践　複数のパーティクルを動かす	072
Section-04	実践　パーティクルをランダムに動かす	078
Section-05	実践　パーティクルを装飾する	082

Chapter-04　Ajax・API連携・データ検索　　091

	目標	概要と達成できること	*092*
Section-01	実践	データを取得する	*096*
Section-02	実践	データを検索する	*101*
Section-03	実践	データを表示する	*105*

Chapter-05　シングルページアプリケーション　　111

	目標	概要と達成できること	*112*
Section-01	実践	コンテンツを切り替える（URLのハンドリング）	*116*
Section-02	実践	コンテンツ切り替え時にアニメーションを付ける	*121*
Section-03	実践	コンテンツごとの処理を加える	*134*
Section-04	実践	コンテンツ部分を外部ファイル化する	*147*
Section-05	実践	History API を使う	*151*

サンプルファイルについて

このサンプルファイルは、弊社のダウンロードサイトの下記のURLからダウンロードできます。本書を理解する上での参考にお使いください。

http://www.shoeisha.co.jp/book/download/

Chapter-04の全サンプル、Chapter-05のサンプル「chp05-04/03/」「chp05-04/04/」「chp05-05/01/」「chp05-05/02/」「chp05-05/03/」は、ローカル環境では動作しないことがあります。サーバあるいはローカルサーバにアップして動作確認してください。

本書内容に関するお問い合わせについて

本書に関するご質問、正誤表については、下記のWebサイトをご参照ください。

　　正誤表　　　　　http://www.shoeisha.co.jp/book/errata/
　　刊行物Q&A　　　http://www.shoeisha.co.jp/book/qa/

インターネットをご利用でない場合は、FAXまたは郵便で、下記にお問い合わせください。

〒160-0006　東京都新宿区舟町5
（株）翔泳社 愛読者サービスセンター
FAX番号：03-5362-3818

電話でのご質問は、お受けしておりません。

※本書に記載されたURL等は予告なく変更される場合があります。
※本書の出版にあたっては正確な記述につとめましたが、著者や出版社などのいずれも、本書の内容に対してなんらかの保証をするものではなく、内容やサンプルに基づくいかなる運用結果に関してもいっさいの責任を負いません。
※本書に掲載されているサンプルプログラムやスクリプト、および実行結果を記した画面イメージなどは、特定の設定に基づいた環境にて再現される一例です。
※本書に記載されている会社名、製品名はそれぞれ各社の商標および登録商標です。
※本書の内容は2015年2月執筆時点のものです。

Chapter 01

オブジェクト指向

ここでは、JavaScriptによるオブジェクト指向プログラミングを理解するのに欠かせない要素となる、「プロトタイプ（prototype）」「クロージャ（Closure）」「オブザーバー（Observer）」「this」について解説します。

Chapter-01 目標
概要と達成できること

このChpaterでは、優れたプログラムを書くために押さえておきたい機能や方法として、「プロトタイプ」「クロージャ」「オブザーバー」などについて解説します。

◯「再利用性」と「保守性」と「拡張性」

JavaScriptを書いていて、こんな経験はないでしょうか。

- 同じ処理の記述が何箇所もある
- そのため、1つの変更なのに何箇所も修正している
- そういえば、前のプロジェクトでも同じ処理を書いていた
- 先月書いたコードが意味不明

これらは、再利用性と保守性の面で問題を抱えているコードによくあることです。再利用性は一度書いた処理を使い回せるかどうか、保守性はプログラムがちゃんと動作するように維持・管理しやすいかどうか、ということです。先ほどの各ケースはこんな問題を抱えています。

- 同じ処理の記述が何箇所もある　　　　　　　　　　← 再利用性の問題
- そのため、1つの変更なのに何箇所も修正している　← 保守性の問題
- そういえば、前のプロジェクトでも同じ処理を書いていた　← 再利用性が考えられていない
- 先月書いたコードが意味不明　　　　　　　　　　　← 保守性の問題

同じ処理を1箇所にまとめて、その処理を他の場面で使い回すことができれば、プログラミングの効率は上がりますし、不具合が生じたときにも1箇所の修正で済みます。その処理を別ファイルにまとめておけば、よく使う機能はプロジェクトをまたいで再利用できるでしょう。再利用性と保守性に配慮されたプログラムは、自然と拡張性（新しい機能の追加しやすさ）が高くなるものです。

優れたプログラムとは、これら「再利用性」「保守性」「拡張性」を備えたプログラムのことです。

◯オブジェクト指向プログラミング

一連の処理から同じ処理を抜き出して1箇所にまとめ、それらの処理を適切にグループ化・部品化した上で、組み合わせながらプログラムを完成させるのが、「オブジェクト指向」と呼ばれるプログラミング手法です。

また、部品同士はできるだけ互いに依存しないようにします。部品同士が強く依存して

しまうと、一つの部品の変更が他の部品の修正を発生させ、またその修正が他の部品の…ということになってしまいます。そうなると、せっかく部品化したのに、再利用性・拡張性・保守性が発揮できません。

一方、部品同士の依存が少なければ、他の部品のことは気にせず変更を加えやすくなります。このように、部品の独立性を高め、部品間の依存関係をなるべく少なく薄くすることを「疎結合」といいます。

JavaScriptには、再利用性・拡張性・保守性を実装するための機能がすでに備わっています。そして、部品同士を疎結合に保ち、再利用性・拡張性・保守性を維持するための方法もあります。このChapterでは、それらを実現する上で重要な機能・方法として、次の項目について解説します。ここでは、わかりやすいように軍隊に例えてみます。

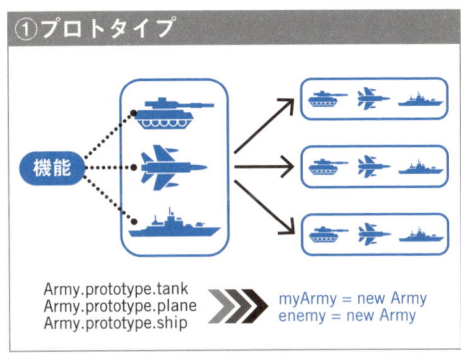
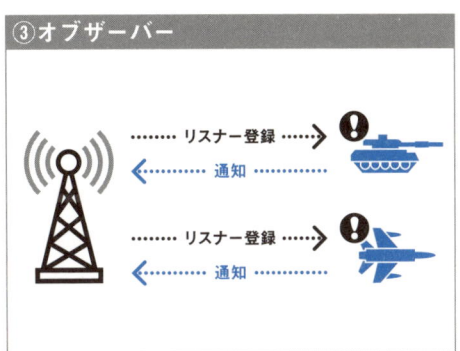
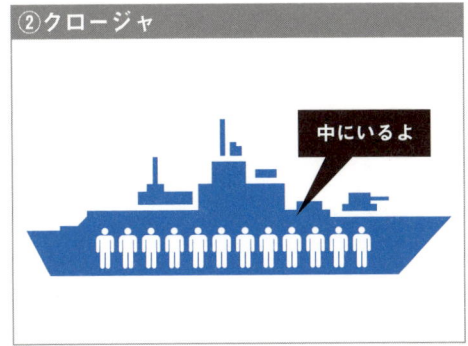
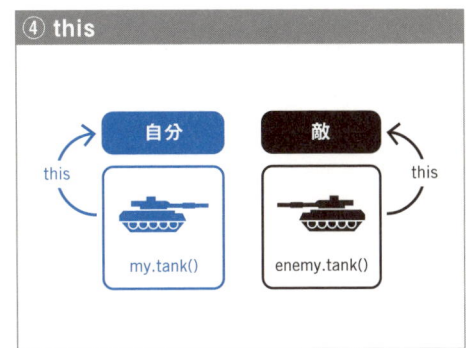

①**プロトタイプ**：軍隊（機能）を再利用して複製します。その複製した軍隊に新たな設備を追加したり、使用する乗り物を変更したりして、軍隊（機能）を拡張していくことが可能です。
②**クロージャ**：船の中に乗っている人（変数）は、外から見えません。そのため、外部から人（変数）に変更を加えることができなくなります。
③**オブザーバー**：戦車や戦闘機は、何かを発見したら通知を出します。司令塔は、その通知をキャッチします。司令塔は通知が来るのを待っていればよく、常に監視する必要がなくなります。このように互いの関係が疎結合になることで、再利用性や拡張性、保守性が向上します。
④**this**：誰に使われるかによって、乗り物の所属（this）が変わります。敵に使われる戦車のthisは、敵の軍隊の所属になるので、thisは敵を指します。thisは、①のプロトタイプと強い関わりがあります。

何となくキーワードを拾ったところで、次のSectionから詳しく見ていきましょう。

009

Chapter-01

01 基本 プロトタイプを理解する

プロトタイプ（prototype）は、処理の再利用や拡張を行う上で役立つ機能です。プロトタイプの書き方について解説します。

● prototype プロパティ

JavaScriptはオブジェクトが基本です。JavaScriptでは、文字も数も配列も全てオブジェクトです。オブジェクトというのは、「キー（プロパティ）」と「値」の組み合わせによる連想配列のことをいいます。次のようなオブジェクトを見たことがあるのではないでしょうか。値を取得するには、プロパティを「.（ドット）」で繋げて「object.key」と書きます。

```
var object = {
  key: value
}
```

そしてJavaScriptには、「prototype」というプロパティが用意されています。このprototypeプロパティを使うことで、同じ処理（メソッド）を使って「再利用」していくことや、別のメソッドを加えて「拡張」していくことができます。次は、prototypeプロパティを使ったコードです。

サンプルファイル：chp01-01/01/app.js

```
function Human(name) {                          ①
  this.name = name;
}

Human.prototype.greet = function() {            ②
  console.log("Hello " + this.name);
};

var mike = new Human("Mike");                   ③
mike.greet(); // Hello Mike                     ④
```

最初にコンストラクタ関数を定義します（❶）。オブジェクトの初期化に使われる関数を「コンストラクタ関数」といいます。次に、prototypeを拡張します。prototypeプロパティを使ってHumanにgreetメソッドを追加しています（❷）。このメソッドを使用するときは、まず、new演算子でオブジェクトを生成します（❸）。このオブジェクトを「インスタンス」といい、インスタンス自身が持っていない機能や属性であっても、生成したコンストラクタのプロトタイプから利用することができます。❷で作成したgreetメソッドを、❹のように記述して使用します。

❹のようにメソッドを使用する際、次の図のように、まず、mike自身にgreetがあるか探します。しかし、定義していないので、次に__proto__プロパティ（プロトタイプオブジェクトにアクセスするプロパティ。ここではHuman）を調べていきます。Humanでは

greetを定義しているのでそれを実行します。

```
mike.greet          →  ない
         ↓ .__proto__.を繋げて探してく
mike.__proto__.greet  →  発見
         ↓
         Human

見つかっていなければ次のように繋げていく
mike.__proto__.__proto__.…
```

プロトタイプチェーンの流れ

　このように __proto__ プロパティに入っている別のオブジェクトから連鎖的に探していくことを「プロトタイプチェーン」といいます。prototypeプロパティはオブジェクト生成のときに使われ、__proto__ プロパティはプロトタイプチェーンで探していくときに使われます。

○ プロトタイプを使ったメモリの節約

　プロトタイプを使うことで、メモリを節約することができます。プロトタイプを使用しない場合と、使用する場合を比べながら解説します。まずは、プロトタイプを使用しない例です。

サンプルファイル：chp01-01/02/app.js
```javascript
function Human(name) {
  this.name = name;
  this.greet = function () {
    console.log("My name is " + this.name);
  };
}

var alice = new Human("Alice");
alice.greet(); // My name is Alice

var bob = new Human("Bob");
bob.greet(); // My name is Bob
```
→ ❺

　この例では、コンストラクタでメソッドを追加しています（❺）。このようなコードはあまり好ましくありません。なぜなら、インスタンスを生成するたびに、それぞれのオブジェクトのためにメモリを確保するからです。
　このオブジェクトではnameとgreetを追加していますが、greetメソッドは全てのインスタンスにおいて同じ振るまいをしています。つまり、同じ振るまいを提供するメソッドにも関わらず、インスタンスの数だけメモリを確保しているということです。これではメ

モリに優しくありません。

そこで上記のコードをプロトタイプを使ったものに変更しましょう（❻）。

サンプルファイル：chp01-01/03/app.js

```
function Human(name) {
  this.name = name;
}

Human.prototype.greet = function () {
  console.log("My name is " + this.name);
};

var alice = new Human("Alice");
alice.greet(); // My name is Alice

var bob = new Human("Bob");
bob.greet(); // My name is Bob
```

このインスタンスでメモリにコピーされるのは次の部分のみです。

```
function Human(name) {
  this.name = name;
}
```

greetメソッドはメモリにコピーされずに、「Human.prototype.greet」を参照するのです。そのため、インスタンス生成の際に確保されるメモリはnameのみで、インスタンス共通で使用するgreetメソッドのメモリは1つ分で済みます。この例ではインスタンスが2つでしたが、数十から数千のインスタンスを扱うとなると、メモリ使用量に大きな差が出てきます。

Chapter-01 02 基本 クロージャを理解する

クロージャ（Closure）は、変数を扱う上で役立つ方法です。クロージャの書き方について解説します。

○ 変数のスコープ

JavaScriptにも変数にアクセスできる範囲があり、これを「スコープ」といいます。プログラム全体からアクセスできるものを「グローバルスコープ」、特定の範囲のみからアクセスできるものを「ローカルスコープ」といいます。

サンプルファイル：chp01-02/01/app.js

```
var a = 10;
function add() {
  var b = 5;
  console.log(a + b);
}

add(); // 15
console.log(a + b); // Uncaught ReferenceError: b is not defined
```

変数aはプログラム全体からアクセスできるので（グローバルスコープ）、関数addの中からでも使うことができます。しかし、変数bは関数addの中で定義しているので（ローカルスコープ）、外からアクセスすることができないため、「console.log(a + b);」ではエラーが出てしまいます。

varは「新しく変数を作る」という宣言なので、使う場所によって、あるローカルスコープ内のみで変数を上書きするということもできます。また、varがなければ同名変数の上書きとなり、ローカルスコープ内からグローバルスコープの変数を上書きすることもできます。次の例では、ローカルスコープで変数を上書きしています。

サンプルファイル：chp01-02/02/app.js

```
var a = 10;
var b = 15;
function add() {
  a = 5;         → ❶
  var b = 5;     → ❷
  console.log(a + b);
}

add(); // 10
console.log(a); // 5
console.log(b); // 15
```

❶の「a = 5;」の前にvarが付いていないので、この変数aはグローバルスコープを参照します。❷の「b = 5;」の前にvarが付いているので、この変数bは関数addのローカルスコープでのみ参照できます。

● クロージャとは

スコープの基本を理解したところで、クロージャについて見ていきます。クロージャとは、英語では「閉じる、閉鎖」という意味で、JavaScriptでは「実行時の環境ではなく、変数自身が定義された環境が保持される」ことを指します。どのように実装するのかというと、「関数の中に関数を定義し、その関数の中で変数を定義する」ことで変数を隠します。

まずはクロージャを使わない例を見てみましょう。counterを呼び出せば、1ずつ増えていく普通のカウンターです。

サンプルファイル：chp01-02/03/app.js
```
var count = 0;
function counter() {
  count++;
  console.log(count);
}

counter(); // 1
counter(); // 2
```

次にカウンターを2つに増やしてみます。

サンプルファイル：chp01-02/04/app.js
```
var count1 = 0;
function counter1() {
  count1++;
  console.log(count1);
}

var count2 = 0;
function counter2() {
  count2++;
  console.log(count2);
}

counter1(); // 1
counter1(); // 2
counter2(); // 1
counter2(); // 2

count1 = 100;

counter1(); // 101
counter1(); // 102
```
❸

これでもカウンターを実現することはできますが、3つ4つに増やしていくとき、counter3、counter4というように増やしていくのは保守性に問題があります。さらに、count1やcount2はグローバル変数なので、どこからでも書き換えられてしまう可能性もあり、「counter1 = 100;」以降のように意図しない動作になってしまいます（❸）。

このカウンターのコードをクロージャを使って書き直してみましょう。

サンプルファイル：chp01-02/05/app.js

```
function createCounter() {
  var count = 0;                    ④
  return function () {
    count++;                        ⑤
    console.log(count);
  }
}

var counter1 = createCounter();
counter1(); // 1
counter1(); // 2                    ⑥
counter1(); // 3

var counter2 = createCounter();
counter2(); // 1                    ⑥
counter2(); // 2

count = 100;
                                    ⑦
counter1(); // 4
```

　クロージャを使わなかったコードでは、「var count = 0;」がグローバル変数でした。変更後は関数createCounterの中で変数を定義しているので（④）、外部からアクセスできないように隠しています。関数createCounterでreturnしている無名関数には、変更前の関数counterと同じものを使います（⑤）。

　これにより、変数counter1とcounter2をそれぞれ定義するときに、別々のローカル環境が作られるので、変数countはそれぞれ別のものを参照することができます（⑥）。また、先ほどと同じように「count = 100;」としても、関数createCounterの中にある変数countは外部からアクセスできないようにしているため変更されることはありません（⑦）。

　このように変数を隠蔽しておくことで、どこかで書き換えられてしまう恐れもなくなり保守性が高まります。さらに、この関数の中だけを考えればよくなるので、他のところへの影響を気にする必要もありません。

Chapter-01 03 | 基本 オブザーバーを理解する

オブザーバー（Observer）は、イベントの監視と通知を行う上で役立つ方法です。オブザーバーの書き方について解説します。

○ オブザーバーとは

オブザーバーとは、JavaScriptデザインパターンの一種で、最もよく使用されているパターンの一つです。オブザーバーは状態の変化を監視することを目的としたもので、あるオブジェクトの状態が変化した際に、あらかじめ登録しておいた監視者に対し通知を行います。次の流れで実装します。

1. Observerと呼ばれるオブジェクトに監視者を登録する
2. 通知者がイベントを通知する
3. 監視者はイベント通知を受け取り、各々の目的を実行する

例えば、これを出版社と読者で考えてみます。読者は発売予定の書籍Aを購入したいと考えていますが、いつ発売されるのか未定です。出版社に発売したら連絡してくれるように頼んでみますが、一人のためにそこまでするのは面倒だと、出版社は躊躇します。それならばと、出版社は読者に対して、自分を監視するように頼みます。そして書籍を発売するたびに、周囲に対して通知をします。読者は、出版社を監視しているので、通知で何かしら書籍が発売されたことがわかります。目当ての書籍Aであれば、すぐに買いにいくこともできます。

この場合、出版社が通知者で、読者が監視者です。このように、出版社が周囲に通知することで、読者は自分の目的を果たすことができます。こうしておくことで、「通知者が監視者に対して、イベントが発生したからxxをしてください」とまで書く必要がなくなり、「通知者はイベントを通知する」「監視者は通知を受け取り、自分の目的を実行する」というように、疎結合なコードになっていきます。

オブザーバーの基本的なコードを見てみましょう。

サンプルファイル：chp01-03/01/app.js

```
function Observer() {                                    ❶
  this.listeners = [];
}

Observer.prototype.on = function(func) {                 ❷
  this.listeners.push(func);
};

Observer.prototype.off = function(func) {                ❷
  var len = this.listener.length;
```

016

```
    for (var i = 0; i < len; i++) {
      var listener = this.listeners[i];
      if (listener === func) {
        this.listeners.splice(i, 1);
      }
    }
  };

  Observer.prototype.trigger = function(event) {
    var len = this.listeners.length;

    for (var i = 0; i < len; i++) {
      var listener = this.listeners[i];
      listener();
    }
  };
```

まず、Observerのコンストラクタを作成します（❶）。このコンストラクタは、監視者を格納するための空の配列「this.listeners」を作成します。

次にon、offというプロトタイプ関数を作成します（❷）。onメソッドは、配列「this.listeners」に、イベントを通知したい関数を単に追加します。offメソッドは、指定されたオブザーバーを検索し、リストから削除します。最後に、triggerというプロトタイプ関数を作成します（❸）。triggerメソッドは、オブザーバーのリスト全体を反復処理し、実行します。

Observerが完成したら、次のように実行します。

サンプルファイル：chp01-03/01/app.js

```
var observer = new Observer();
var greet = function () {
  console.log("Good morning");
};
observer.on(greet);
observer.trigger(); // Good morning
```

これで、最も単純なオブザーバーの完成です。

○ 複数のイベントに対応する

このままでは一つのイベントしか通知できないため、複数のイベントに対応できるように変更します。

サンプルファイル：chp01-03/02/app.js

```
function Observer() {
  this.listeners = {};
}

Observer.prototype.on = function(event, func) {
```

```
  if (! this.listeners[event] ) {
    this.listeners[event] = [];
  }
  this.listeners[event].push(func);
};

Observer.prototype.off = function(event, func) {
  var ref = this.listeners[event],
      len = ref.length;
  for (var i = 0; i < len; i++) {
    var listener = ref[i];
    if (listener === func) {
      ref.splice(i, 1);
    }
  }
};

Observer.prototype.trigger = function(event) {
  var ref = this.listeners[event];
  for (var i = 0, len = ref.length; i < len; i++) {
    var listener = ref[i];
    if(typeof listener === "function") listener();
  }
};
```

複数のイベントに対応するため、配列ではなくオブジェクトを作成します（❹）。listenersに引数のeventが存在するかチェックし、eventがなければ空の配列を作成し、eventが存在すれば配列に追加します（❺）。そして、offメソッドやtriggerメソッドでは、listeners[event]の配列を参照します（❻）。

Observerが完成したら、次のように実行します。

サンプルファイル：chp01-03/02/app.js

```
var observer = new Observer();
var greet = function () {
  console.log("Good morning");
};
observer.on("morning", greet);
observer.trigger("morning"); //Good morning

var sayEvening = function () {
  console.log("Good evening");
};
observer.on("evening", sayEvening);
observer.trigger("evening"); // Good evening
```

これで複数のイベントに対応したオブザーバーの機能が完成しました。

Chapter-01 04 基本 thisを理解する

thisが何を指しているのかを把握することは重要です。簡単なコードを例に、thisが何を指しているのか、またthisを操作する方法を解説します。

◯ thisが指すもの

これまでに何度かthisを使ったことがあるのではないでしょうか。先ほどプロトタイプやオブザーバーを解説したときにも出てきました。thisはいったい何を指しているのか、コードを見ながら理解していきましょう。

サンプルファイル：chp01-04/01/app.js

```
function Human(name) {
  this.name = name;
};
Human.prototype.greet = function() {
  console.log("Hello " + this.name);
};
var mike = new Human("Mike");
mike.greet(); // Hello Mike
```

thisとは「関数が呼ばれたときに、その関数が属していたオブジェクト」を指します。上記の「mike.greet()」の場合、greetはmikeに属していることになるので、mikeがこの関数内のthisになります。このときに注意したいのが、「mike.greet」を渡しているのではなく、greetに入っている関数オブジェクトを渡して実行しているということです。

では、単なる関数呼び出しのとき、thisは何を指すのでしょうか。

```
function greet() {
  console.log("Hello " + this.name);
}

greet();
```

Consoleでthisだけを入れてみると、次の内容が返ってくることからわかるように、このときのthisはグローバルオブジェクトになり、windowオブジェクトを指しています。

```
Console  Search  Emulation  Rendering
⊘  ▽  <top frame>            ▼  ☐ Preserve log
> this
<・ ▶ Window {top: Window, window: Window, location: Location, external: Object, chrome: Object…}
>
```

◯ this を操作（束縛）する

thisは呼び出しもとで決定しますが、次の3つのメソッドを使って、thisを操作（束縛）することもできます。

- call(object, arg1, arg2, …)
- apply(object, Arary)
- bind(object, arg1, arg2, …)

callメソッドとapplyメソッドは、関数をすぐに実行します。これらは第2引数の渡し方が違うだけで他は同じです。

callメソッドの場合は次のように渡します。

サンプルファイル：chp01-04/02/app.js
```javascript
function Human(name) {
  this.name = name;
}
function greet(arg1, arg2) {
console.log(arg1 + this.name + arg2);
}
var mike = new Human("Mike");
greet.call(mike, "Hello ", "!!"); // Hello Mike!!  ❶
```

第1引数のmikeをthisとして実行し、第2引数以降が関数greetの引数になります（❶）。
applyメソッドの場合は次のように渡します。

サンプルファイル：chp01-04/03/app.js
```javascript
function Human(name) {
  this.name = name;
}
function greet(arg1, arg2) {
console.log(arg1 + this.name + arg2);
}
var mike = new Human("Mike");
greet.apply(mike, ["Hello ", "!!"]); // Hello Mike!!  ❷
```

第1引数のmikeをthisとして実行し、第2引数の配列が関数greetの引数になります（❷）。

bindメソッドの場合は、呼び出されたときに新しい関数を生成し、値を束縛します。

```
                                              サンプルファイル：chp01-04/04/app.js
function Human(name) {
  this.name = name;
}
function greet(arg1, arg2) {
console.log(arg1 + this.name + arg2);
}
var mike = new Human("Mike");
var greetMorning = greet.bind(mike);                                    ❸
greetMorning("Good Morning ", "!!"); // Good Morning Mike!!              ❹
```

　mikeをthisに束縛した新しい関数を返します（❸）。これにより、関数greetMorningの呼び出し時は常にmikeがthisとなります（❹）。

　thisはややこしく感じるかもしれませんが、じっくり見ていくとそんなに難しいものではありません。これ以降のChapterでもthisを使用するので、実際に使いながら慣れていきましょう。

Chapter-01 05 実践 リアルタイムバリデーションを作る

これまでに解説したプロトタイプやオブザーバーを使って、リアルタイムバリデーションを作ってみましょう。

◯ サンプル「リアルタイムバリデーション」のHTMLとCSS

このChapterでは、プロトタイプやオブザーバーを使ったサンプルを作成します。フォームに文字を入力すると、リアルタイムにエラーかどうか判定するという内容です。

フォームの入力内容をリアルタイムに判定する

このサンプルのHTMLとCSSは以下のとおりです。

サンプルファイル：chp01-05/01/index.html

```
<div class="container">
  <div class="row">
    <div class="col">
      <label for="">アカウントを作成</label>
    </div>
    <div class="col">
      <input type="text" placeholder="4文字以上8文字以内で入力してください" data-minlength="4" data-maxlength="8" required>
```

```html
      <ul>
        <li data-error="required">必須項目です</li>
        <li data-error="minlength">4文字以上で入力してください</li>
        <li data-error="maxlength">8文字以内で入力してください</li>
      </ul>
    </div>
  </div>
  <div class="row">
    <div class="col">
      <label for="">パスワードを作成</label>
    </div>
    <div class="col">
      <input type="text" placeholder="4文字以上8文字以内で入力してください" ➡
data-minlength="4" data-maxlength="8" required>
      <ul>
        <li data-error="required">必須項目です</li>
        <li data-error="minlength">4文字以上で入力してください</li>
        <li data-error="maxlength">8文字以内で入力してください</li>
      </ul>
    </div>
  </div>
</div>
```

エラーかどうか判定するために、data-errorなどの独自データ属性を使っています。この属性の名前は、先頭に「data-」を付ければ自由に名前を付けることができます。

chp01-05/01/styles/index.css
```css
ul {
  margin: 0;
  padding: 0;
  list-style: none;
}
#container {
  padding: 40px;
}
h1 {
  font-size: 16px;
  font-weight: bold;
}
.row {
  margin-top: 2em;
  display: table;
  width: 100%;
}
.row .col {
  display: table-cell;
}
.row .col:first-child {
  width: 200px;
}
.row .col label {
  font-weight: bold;
```

```css
}
.row .col input {
  font-size: 100%;
  outline: none;
  border: none;
  border-bottom: 1px solid #9e9e9e;
  padding: 0.5em 0;
  min-width: 400px;
}
.row .col input.error {
  border-color: #e51c23;
}
.row .col ul {
  margin-top: 0.5em;
}
.row .col li {
  display: none;
  color: #e51c23;
  background: url("../images/error.png") no-repeat left center;
  -webkit-background-size: 12px 12px;
  -moz-background-size: 12px 12px;
  background-size: 12px 12px;
  padding-left: 20px;
  margin-top: 0.5em;
}
.row .col li:first-child {
  margin-top: 0;
}
```

　静的な部分はこれで完成です。サンプルを説明するにあたり、次のように言葉の定義をします。

サンプルに関連した用語定義

	データの構造を扱うコード。慣例的にデータを扱うオブジェクトには「種類＋Model」と名前を付ける。例えば、ユーザーのデータを扱うオブジェクトであれば「UserModel」
	ユーザーの目に触れる部分を扱うコード。同様に、慣例的に見た目に関するオブジェクトには「種類＋View」と名前を付ける。

　名前からオブジェクトの役割がわかるようにしています。これを踏まえた上で、リアルタイムバリデーションを作っていきましょう。

◯ Modelの属性に値を追加する

まずは、Modelを作っていきます。Modelの役割は次の2つです。

- Viewから値を受け取って、その値に対してバリデーションを実行する
- バリデーションの結果に応じてイベントを通知する

この機能を実装していきます。ここで解説するsetメソッドは、Modelのattributeに値をセットするだけの簡単なものです。その実装方法を見ていきましょう。

まずは、Modelのコンストラクタを作成します。

```javascript
function AppModel(attrs) {
  this.val = "";
}
```

次に、Section-03で取り上げたオブザーバーの機能を追加します（❶）。

サンプルファイル：chp01-05/01/scripts/app.js
```javascript
function AppModel(attrs) {
  this.val = "";
  this.listeners = {
    valid: [],
    invalid: []
  };
}

AppModel.prototype.on = function(event, func) {
  this.listeners[event].push(func);
};

AppModel.prototype.trigger = function(event) {
  $.each(this.listeners[event], function() {
    this();
  });
};
```
❶

続いて、プロトタイプでsetメソッドを実装します。

サンプルファイル：chp01-05/02/scripts/app.js
```javascript
AppModel.prototype.set = function(val) {
  if (this.val === val) return;
  this.val = val;
  this.validate();
};
```
❷
❸

引数で受け取ったvalと「this.val」を比較し、変化がなければ、以降の処理を行いません（❷）。変化があれば、「this.val」に引数valを代入します（❸）。

◯ バリデーションを実装する

validateメソッドを実装する前に、まずは判定を行うvalidation patternのメソッドをプロトタイプで実装します。

1つ目のvalidation patternは、値が空かどうかを判定するrequiredメソッドです。

サンプルファイル：chp01-05/02/scripts/app.js
```
AppModel.prototype.required = function() {
  return this.val !== "";
};
```

2つ目のvalidation patternは、値の文字数が引数num以上かどうかを判定するmaxlengthメソッドです。

サンプルファイル：chp01-05/02/scripts/app.js
```
AppModel.prototype.maxlength = function(num) {
  return num >= this.val.length;
};
```

3つ目のvalidation patternは、値の文字数が引数num以下かどうかを判定するminlengthメソッドです。

サンプルファイル：chp01-05/02/scripts/app.js
```
AppModel.prototype.minlength = function(num) {
  return num <= this.val.length;
};
```

いよいよ「this.val」の値が正しいかどうかをチェックするvalidateメソッドを実装します。

サンプルファイル：chp01-05/02/scripts/app.js
```
function AppModel(attrs) {
  this.val = "";
  this.attrs = {
    required: "",
    maxlength: 8,
    minlength: 4
  };
  this.listeners = {
    valid: [],
    invalid: []
  };
}

AppModel.prototype.set = function(val) {
  if (this.val === val) return;
  this.val = val;
  this.validate();
```

→ ❹

```
};

AppModel.prototype.validate = function() {
  var val;
  this.errors = [];                                              → ❺

  for (var key in this.attrs) {
    val = this.attrs[key];
    if (!this[key](val)) this.errors.push(key);                  → ❻
  }

  this.trigger(!this.errors.length ? "valid" : "invalid");       → ❼
};
```

使用するvalidation patternを設定するオブジェクトを追加します（❹）。validateメソッドでは、バリデーションでエラーが出たものを保存しておくための空の配列を用意します（❺）。そして、AppModelの添字にkeyを渡すことでメソッドを取り出し、valの引数を渡して実行します（❻）。maxlengthを例にとると、「this['maxlength']」は「AppModel.prototype.maxlength」を参照するので、次と同義です。

```
var maxlength = function (val) {
  return num >= this.val.length;
}
maxlength(8);
```

バリデーション後、「this.errors」の中身が空であればvalidイベントを通知し、空でなければinvalidイベントを通知します（❼）。

◯ ModelとViewを連携する

先ほど作ったModelをもとにViewを作成します。まずは、Viewのベースを作っていきます。

サンプルファイル：chp01-05/03/scripts/app.js
```
function AppView(el) {
  this.initialize(el);
  this.handleEvents();
}

AppView.prototype.initialize = function(el) {
  this.$el = $(el);

  var obj = this.$el.data();

  if (this.$el.prop("required")) {                               → ❽
    obj["required"] = "";
  }

  this.model = new AppModel(obj);                                → ❾
};
```

「this.$el」のdata属性を変数objに代入し、required属性があればobjに「{required: ''}」をマージします（❽）。詳しくは後述しますが、「this.$el」には次のようなinputが入ることを想定しています。

```
<input type="text" placeholder="4文字以上8文字以内で入力してください" ➡
data-minlength="4" data-maxlength="8" required>
```

先ほど作ったAppModelにobjを渡してインスタンス化したものを「this.model」に代入します（❾）。これにより「this.model」を通してmodelのメソッドを使用できるようになります。

◯ DOM Eventを登録する

DOMに対してイベントを登録します。

サンプルファイル：chp01-05/04/scripts/app.js

```
function AppView(el) {
  this.initialize(el);
  this.handleEvents(); ───────────────────────── ❿
}

AppView.prototype.initialize = function(el) {
  this.$el = $(el);

  var obj = this.$el.data();

  if (this.$el.prop("required")) {
    obj["required"] = "";
  }

  this.model = new AppModel(obj);
};

AppView.prototype.handleEvents = function() {
  var self = this;

  this.$el.on("keyup", function(e) { ─┐
    self.onKeyup(e);                   ├──── ⓫
  });                                 ─┘
};
```

インスタンス化したときに、handleEventsメソッドを実行するようにします（❿）。handleEventsメソッドでは、keyupイベントのイベントハンドラにonKeyupを登録します（⓫）。

○ onKeyupメソッドを実装する

keyupイベントが発生したときに実行されるonKeyupメソッドを実装します。

サンプルファイル：chp01-05/05/scripts/app.js

```javascript
function AppView(el) {
  this.initialize(el);
  this.handleEvents();
}

AppView.prototype.initialize = function(el) {
  this.$el = $(el);

  var obj = this.$el.data();

  if (this.$el.prop("required")) {
    obj["required"] = "";
  }

  this.model = new AppModel(obj);
};

AppView.prototype.handleEvents = function() {
  var self = this;

  this.$el.on("keyup", function(e) {
    self.onKeyup(e);
  });

};

AppView.prototype.onKeyup = function(e) {
  var $target = $(e.currentTarget);
  this.model.set($target.val());           ⓬
};
```

「this.model」のsetメソッドを使用して、inputの値をmodelにセットします（⓬）。

○ Model Eventを登録する

先ほどはDOMにイベントを登録しましたが、Modelのイベントに対してイベントハンドラを登録するように変更します。

サンプルファイル：chp01-05/05/scripts/app.js

```javascript
function AppView(el) {
  this.initialize(el);
  this.handleEvents();
}
```

029

```js
AppView.prototype.initialize = function(el) {
  this.$el = $(el);

  var obj = this.$el.data();

  if (this.$el.prop("required")) {
    obj["required"] = "";
  }

  this.model = new AppModel(obj);
};

AppView.prototype.handleEvents = function() {
  var self = this;

  this.$el.on("keyup", function(e) {
    self.onKeyup(e);
  });

  this.model.on("valid", function() {         ──┐
    self.onValid();                              ├──▶ ⓭
  });                                          ──┘

  this.model.on("invalid", function() {       ──┐
    self.onInvalid();                            ├──▶ ⓭
  });                                          ──┘

};

AppView.prototype.onKeyup = function(e) {
  var $target = $(e.currentTarget);
  this.model.set($target.val());
};
```

　modelのonメソッドを使用して、model event（valid・invalidイベント）にイベントハンドラを登録します（⓭）。

◯ onValid・onInvalidメソッドを実装する

　modelのvalid・invalidイベントが発生したときに実行される、onValid・onInvalidメソッドを実装します。

chp01-05/06/scripts/app.js
```js
function AppView(el) {
  this.initialize(el);
  this.handleEvents();
}

AppView.prototype.initialize = function(el) {
  this.$el = $(el);
```

```javascript
  this.$list = this.$el.next().children(); ●─────────────────→ ⑭

  var obj = this.$el.data();

  if (this.$el.prop("required")) {
    obj["required"] = "";
  }

  this.model = new AppModel(obj);
};
AppView.prototype.handleEvents = function() {
  var self = this;

  this.$el.on("keyup", function(e) {
    self.onKeyup(e);
  });

  this.model.on("valid", function() {
    self.onValid();
  });

  this.model.on("invalid", function() {
    self.onInvalid();
  });

};

AppView.prototype.onKeyup = function(e) {
  var $target = $(e.currentTarget);
  this.model.set($target.val());
};

AppView.prototype.onValid = function() {
  this.$el.removeClass("error");
  this.$list.hide();                                    ─────→ ⑮
};

AppView.prototype.onInvalid = function() {
  var self = this;
  this.$el.addClass("error");
  this.$list.hide();

  $.each(this.model.errors, function(index, val) {      ─────→ ⑯
    self.$list.filter("[data-error=\"" + val + "\"]").show();
  });
};
```

「this.$el」の隣のliを「this.$list」に代入します（⑭）。「this.$el」の「class="error"」を消し、「this.$list」を非表示にします（⑮）。そして、「this.$el」に「class="error"」を付与し、「this.$list」の中で該当エラーのみ表示します（⑯）。

AppViewが完成したので、引数inputを渡してインスタンス化します。

```
サンプルファイル：chp01-05/06/scripts/app.js
$("input").each(function() {
  new AppView(this);
});
```

以上で完成です。

◯ まとめ

このChapterでは、再利用性・保守性・拡張性をキーワードにオブジェクト指向で書くにあたり基本的な部分を解説してきました。その中で以下の点を学習しました。

- プロトタイプ
- クロージャ
- オブザーバー
- this

プロトタイプやthisは、これ以降のChapterやこれからの実装でもたくさん使っていくことになります。ここで基本を理解しておき徐々に慣れていきましょう。慣れるために、今までJavaScriptで書いたコードを今回学んだ再利用性・保守性・拡張性を考えて書き換えてみてください。

Chapter

02

UI・インタラクティブ表現

ここでは「UI・インタラクティブ表現」として、イベントについて解説します。ここで用いるサンプルは、お馴染みのモーダルウィンドウです。ここではDOMイベントの基本的な復習と、その内部での動きを深堀りします。

Chapter-02 目標

概要と達成できること

このChapterでは、モーダルウィンドウを作成しながら、ユーザーインタラクションの基本であるイベント処理について解説します。

◯ ユーザーインタラクションの基本はイベント処理

読者の方々のほとんどが、すでにイベント処理を実装した経験があるかと思います。ここでは主に基本的な内容を取り上げていきますが、以下の点を重視し、実務レベルで役立つユーザーインタラクションの実装方法を理解していただくことを目標としています。

- Chapter-01で学んだプロトタイプを取り入れる
- 拡張性、保守性を考慮する
- DOMイベントの基礎を再確認する

イベントとは、ブラウザ上で発生した出来事を指します。ユーザーによるクリックやキー入力の他に、ページの読み込みの完了時などもイベントに含まれます。Chapter-01ではkeyupのイベントを処理しましたが、ここでは使用頻度の高い「click」「load」「resize」を使って解説していきます。

◯ サンプル「モーダルウィンドウ」のHTMLとCSS

このChapterでは、サンプルとしてモーダルウィンドウを作成します。写真のサムネイルをクリックすると、その拡大画像をモーダルウィンドウで表示するというものです。モーダルウィンドウの右上にはボタンナビゲーションがあり、モーダルウィンドウ上で画像を切り替えることができます。

写真のサムネイルをクリックすると、モーダルウィンドウで拡大画像を表示する

このサンプルのHTMLとCSSは以下のとおりです。

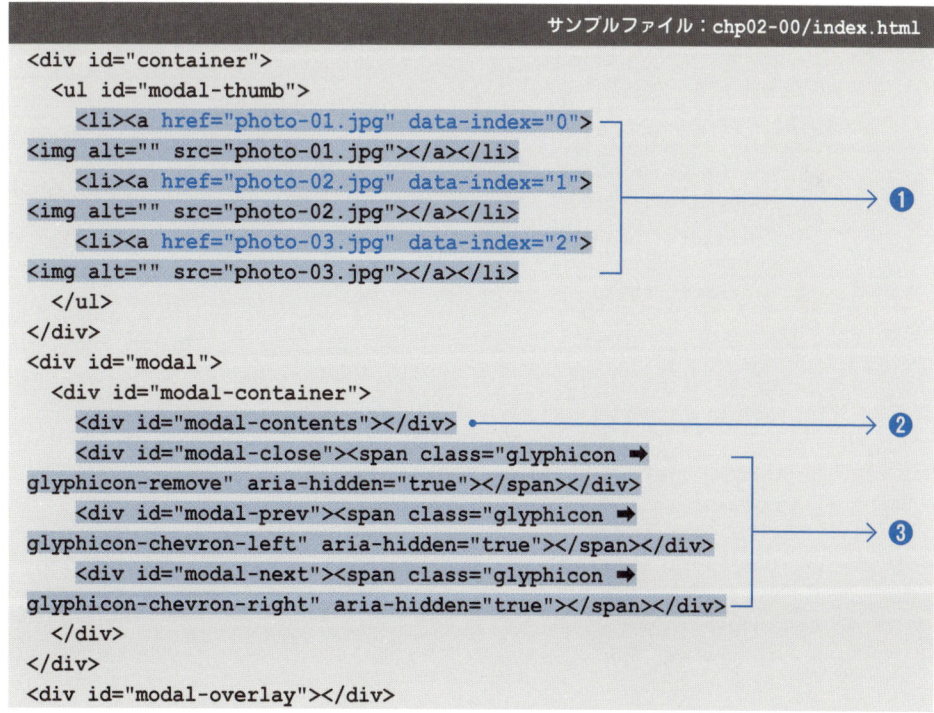

a要素のhref属性にはモーダルで表示したい画像のパスを指定し、data-index属性には画像のインデックス（順番）を指定しておきます（❶）。モーダルで表示する拡大画像を入れるための要素（❷）と、モーダルウィンドウの右上に表示するボタン（❸）を用意しま

す。ボタンは、上から「閉じる(x)」「前へ(<)」「次へ(>)」ボタンです。なお、このボタンアイコンにはBootstrap[※1]を使っています。BootstrapのCSSをhead要素内で読み込むようにしておきます。

サンプルファイル：chp02-00/index.css

```css
ul, li{
  padding: 0;
  list-style: none;
}
#container {
  margin-top: 20px;
}
#modal {
  display: none;  ●――――――――――――――――――――④
  position: absolute;
  top: 0;
  left: 0;
  right: 0;
  bottom: 0;
  margin: auto;
  width: 750px;
  height: 500px;
  box-shadow: 0 4px 12px rgba(0,0,0,0.5);
  border-radius: 6px;
  overflow: hidden;
  z-index: 10;  ●――――――――――――――――――――⑤
}
#modal-container {
  position: relative;
  background: #fff;
  width: 100%;
  height: 100%;
  overflow: hidden;
}
#modal-contents {
  width: 100%;
  height: 100%;
}
#modal-close,
#modal-prev,
#modal-next {
  position: absolute;
  top: 10px;
  padding: 8px;
  font-size: 8px;
  line-height: 1;
  border-radius: 50%;
  background: #fff;
  box-shadow: 0 0 1px rgba(0,0,0,0.4);
```

※1 Bootstrap　http://getbootstrap.com/

```css
  cursor: pointer;
}
#modal-close {
  background: #ff6353;
  right: 10px;
}
#modal-prev {
  right: 80px;
}
#modal-next {
  right: 50px;
}

#modal-overlay {
  display: none;
  position: absolute;
  top: 0;
  left: 0;
  width: 100%;
  height: 100%;
  background: rgba(0,0,0,0.4);
  cursor: pointer;
}
#modal-contents img{
  max-width: 100%;
}

#modal-thumb {
  text-align: center;
}
#modal-thumb li {
  display: inline-block;
  width: 160px;
  margin-left: 5px;
  margin-bottom: 5px;
}
#modal-thumb li img {
  width: 100%;
}
```

　#modalと#modal-overlayはサムネイルをクリックしたときに表示されるものなので、あらかじめ「display: none;」を指定して非表示にしておきます（❹）。また、#modalは#modal-overlayよりも前面に表示させたいので、z-indexプロパティで重ね順を調整します（❺）。

　HTMLとCSSの部分はこれで完成です。Section-02からJavaScriptを使って動きを実装していきます。

Chapter-02
01 基本 押さえておきたいイベントのポイント

モーダルウィンドウの作成に入る前に、イベント処理を実装する際にポイントとなる「イベントリスナー」「イベントオブジェクト」「イベントフェーズ」について解説します。

click、reisze、load など、イベントの種類は数多くあります。イベントはドキュメント内のあらゆる場所で、ユーザーのインタラクションやブラウザ自身から発生します。そして、それらはただ単純に一つの場所で始まりその時点で終了するものではありません。イベントはドキュメント内をライフサイクルに従って流れていきます。このライフサイクルこそが、DOM イベントに拡張性と利便性を持たせているといっても過言ではありません。ここでは DOM イベントの基本的な復習と、その内部での動きを深堀りし、どのようにして DOM イベントを利用して問題を解決していくかを説明します。

○ イベントリスナー

発生したイベントを使用するには、イベントリスナーを登録する必要があります。JavaScript には、DOM ノードにイベントリスナーを登録する API として、addEventListener があります。ところが、Internet Explorer 8 以前では違う記述が必要となるなど、ブラウザごとのサポート状況に大きな差異があります。jQuery はその差異を吸収してくれるものとして大いに役立ち、本書のサンプル作成でも jQuery の on メソッドを使ってイベントリスナーを登録していきます。ただし、ここではイベントリスナーの基本を学んでいただくために addEventListener を使って説明しています。

```
element.addEventListener(<event-name>, <callback>, <use-capture>);
```

addEventListener の引数

evnet-name	イベントの名前。click や load など標準的な DOM イベントのほか、自身でカスタムしたイベント名も使用できる
callback	イベントが発生したときに呼び出される関数。イベントに関するデータを含むイベントオブジェクトは第1引数として渡される
use-capture	callback がキャプチャフェーズで発生するか否かの boolean。 ※キャプチャフェーズについては後述の「イベントフェーズ」にて解説

例えば、ある要素をクリックしたときにアラートを表示するには、次のように記述します。

```
var element = document.getElementById("foo");

function callback() {
  alert("Hello World");
}

element.addEventListener("click", callback, false);
```

◯ イベントオブジェクト

イベントオブジェクトは、イベントが最初に起きた時点で生成されます。イベントリスナーに登録したcallback関数は、イベントオブジェクトを第1引数として渡します。そして、このオブジェクトは、発生したイベントの情報へアクセスするのに役立ちます。以下はイベントオブジェクトが持つプロパティとメソッドです。

イベントオブジェクトが持つプロパティとメソッド

type	イベントの名前。イベントリスナーに登録するときに使う文字列と同じ
target	イベント発生対象のDOM要素
currentTarget	イベントのcallbackが現在発生しているDOM要素
preventDefault()	ブラウザが最初から持っているアクションを中止する
stopPropagation()	現在のイベントが伝播するのを停止する
eventPhase()	イベントの流れ（イベントフェーズ）がどの段階であるかを示す

◯ イベントフェーズ

DOMイベントが発生したとき、それはそのイベントが起きたところで一度だけ動作するものではありません。イベントは3つのフェーズに分解することができます。

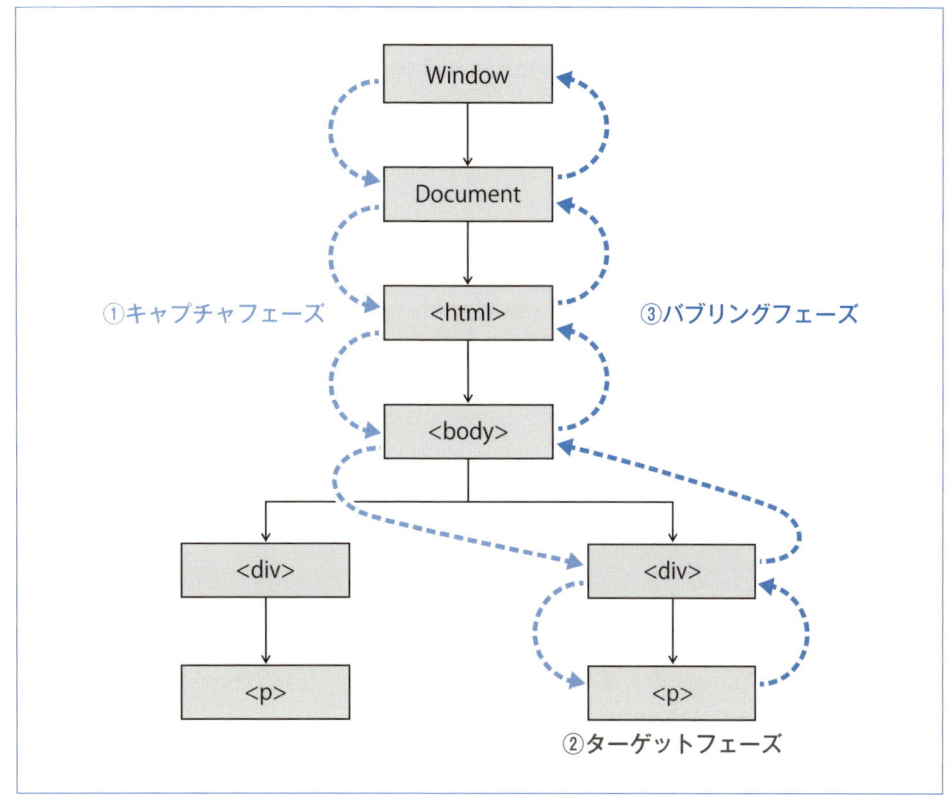

イベントフェーズの例

①キャプチャフェーズ
②ターゲットフェーズ
③バブリングフェーズ

例えば、div要素に対してclickイベントを実装して、p要素がクリックされた場合のイベントフェーズは図（前ページ）のようになります。

✦ キャプチャフェーズ

最初のフェーズはキャプチャフェーズです。イベントはドキュメントルートから動き出し、DOMの階層をたどりイベントターゲットに到達します。キャプチャフェーズの役割は、後のバブリングフェーズでイベントが来た道を引き返す伝播の道筋を作ることです。
addEventListenerの第3引数をtrueにすると、キャプチャフェーズでイベントの通知を受け取ることができます。

✦ ターゲットフェーズ

ターゲットフェーズはイベントの発生源に到達し、その要素に登録されている処理を行います。例えば、次のようなHTMLの場合、外側のdiv要素に対してclickイベントを実装していてユーザーがp要素をクリックしたとき、p要素はイベントターゲットになります。

```
<div>
  <p></p>
</div>
```

✦ バブリングフェーズ

イベントが発生した後、それはそこで終わりではなく、ドキュメントルートに向かって再び伝播します。キャプチャフェーズでイベントが来た道を引き返します。
addEventListenerの第3引数をfalseにすると、先ほど説明したターゲットフェーズまたはバブリングフェーズの通知を受け取ることができます。第3引数を省略した場合はfalseになります。また、jQueryの内部コードでは、ほとんどがfalseで書かれおり、バブリングフェーズになっています。

○ clickイベント

clickイベントは、マウスでクリックされたときに発生し、ほとんどのHTML要素でサポートされています。イベントリスナーを登録する場合、addEventListenerの第1引数のtypeでイベント名を指定しますが、イベントハンドラの「onclick」ではなく、onを付けずに「click」で指定します。

```
var element = document.getElementById("foo");

function clicked() {
  alert("foo clicked");
}

element.addEventListener("click", clicked, false);
```

イベントが最初に起きた時点でイベントオブジェクトが作られ、それを通してイベントインターフェイスを使うことができます。イベントインターフェイスは、イベントオブジェクトのタイプによって、定義されるメソッドやプロパティが変わります。以下は、clickなどマウスに関係するイベントオブジェクトのタイプで定義されるプロパティの一部です。

マウス関係のイベントオブジェクトで定義されるプロパティ例

screenX, screenY	マウスポインタのディスプレイ上のXY座標を表す
clientX, clientY	マウスポインタのブラウザ上のXY座標を表す。スクロールは計算に入らない

○ resize イベント

resizeイベントは、ブラウザウィンドウのサイズが変更されたときに発生します。

```
function resized() {
  alert("window resize");
}

window.addEventListener("resize", resized, false);
```

○ load イベント

loadイベントは、ページのロードが完了したときに発生します。

```
function loaded() {
  alert("window load");
}

window.addEventListener("load", loaded, false);
```

それでは次のSectionから、「click」「resize」「load」イベントを使って、モーダルウィンドウを作っていきます。

Chapter-02

実践 clickイベントを処理する

まずは、モーダルウィンドウを表示する・閉じるなど、clickイベントに関連した処理を実装してみましょう。

◯ モーダルウィンドウを表示する

今回のモーダルウィンドウで実装するclickイベントの内容は、次のような処理です。

1. モーダルウィンドウを表示する
2. モーダルウィンドウを閉じる
3. 前後へのボタンナビゲーションを実装する

まずは、「モーダルウィンドウを表示する」処理を実装しましょう。この処理は、サムネイルをクリックすると、拡大画像とその背景に半透明レイヤーを表示するというものです。最初にChapter-01で学んだプロトタイプを取り入れてModalオブジェクトのベースを作っていきます。

サンプルファイル：chp02-02/01/scripts/app.js

```javascript
function Modal(el) {
  this.initialize(el);
}

Modal.prototype.initialize = function(el) {
  this.$el = el;
  this.$container = $("#modal");
  this.$contents = $("#modal-contents");
  this.$close = $("#modal-close");
  this.$next = $("#modal-next");
  this.$prev = $("#modal-prev");
  this.$overlay = $("#modal-overlay");
  this.$window = $(window);
  this.index = 0;
  this.handleEvents();            // ❶
};

Modal.prototype.handleEvents = function() {
  var self = this;
  this.$el.on("click", function(e) {      // ❷
    self.show(e);
    return false;
  });
};
```

　Modalオブジェクトをインスタンス化したときにhandleEventsメソッドを実行するようにします（❶）。handleEventsメソッドでは、$elをクリックしたときに呼ばれるcallback

に、showメソッドを登録します（❷）。

次にモーダルウィンドウを表示するためのshowメソッドを実装します。

```
サンプルファイル：chp02-02/02/scripts/app.js
Modal.prototype.handleEvents = function() {
  var self = this;
  this.$el.on("click", function(e) {
    self.show(e);
    return false;
  });
};

Modal.prototype.show = function(e) {
  var $target = $(e.currentTarget),            ──→ ❸
      src = $target.attr("href");
  this.$contents.html("<img src=\"" + src + "\" />");
  this.$container.fadeIn();
  this.$overlay.fadeIn();
  this.index = $target.data("index");          ──→ ❹
  return false;
};
```

クリックした要素の「$target.attr('href')」（モーダルウィンドウで表示したい画像へのパス）」を取得します（❸）。ここでは「e.currentTarget」を使っています。「e.currentTarget」はイベントリスナーが登録されている要素を表すので、1枚目のサムネイルをクリックした場合、次のHTMLが返ってきます。

```
<a href="images/photo-01.JPG" data-index="0"><img alt="" src="images/➡
photo-01.JPG"></a>
```

また「e.target」とすると、イベントが発生したDOM要素を表すので、「<img alt="" src="thumb-01.jpg">」が返ってきます。

そして、現在表示している画像のインデックス（順番）を代入しておきます（❹）。今はまだ使いませんが、後述するボタンナビゲーションを実装するためのものです。モーダルウィンドウを表示する処理はこれで完成ですが、まだModalオブジェクトをインスタンス化していないので使うことができません。引数にサムネイルのjQueryオブジェクトを渡してインスタンス化しましょう。

```
サンプルファイル：chp02-02/02/scripts/app.js
var modal = new Modal($("#modal-thumb a"));
```

これでサムネイルをクリックしたらモーダルウィンドウが表示されるようになりました。次は、「モーダルウィンドウを閉じる」処理を実装してみましょう。

○ モーダルウィンドウを閉じる

「モーダルウィンドウを閉じる」処理では、「閉じるボタン」と「オーバーレイの背景」、この2つのDOMに対してイベントを登録します。次のようにイベントリスナーとメソッドを追加します。

サンプルファイル：chp02-02/03/scripts/app.js

```javascript
Modal.prototype.handleEvents = function() {
  var self = this;
  this.$el.on("click", function(e) {
    self.show(e);
    return false;
  });

  this.$close.on("click", function(e) {
    self.hide(e);
    return false;
  });

  this.$overlay.on("click", function(e) {
    self.hide(e);
    return false;
  });
};

Modal.prototype.show = function(e) {
  var $target = $(e.currentTarget),
      src = $target.attr("href");
  this.$contents.html("<img src=\"" + src + "\" />");
  this.$container.fadeIn();
  this.$overlay.fadeIn();
  this.index = $target.data("index");
  return false;
};

Modal.prototype.hide = function(e) {
  this.$container.fadeOut();
  this.$overlay.fadeOut();
};
```

❺

❻

「this.$close」と「this.$overlay」のclickイベントのイベントハンドラに、hideメソッドを実行する関数を登録します（❺）。hideメソッドでは、fadeOutメソッドを使って「this.$container」と「this.$overlay」をフェードアウトさせます（❻）。

ここまでで基本的なモーダルウィンドウの動作はできましたが、画像を表示するモーダルウィンドウなので前後への移動ができるとより使いやすくなります。次は、前後へのボタンナビゲーションを実装してみましょう。

◯ 前後へのボタンナビゲーションを実装する

モーダルウィンドウの右上に表示される、前後へのボタンナビゲーションを実装していきます。「前へボタン」と「次へボタン」のDOMに対してイベントを登録します。次のようにイベントリスナーとメソッドを追加します。

サンプルファイル：chp02-02/04/scripts/app.js

```javascript
Modal.prototype.handleEvents = function() {
  var self = this;
  this.$el.on("click", function(e) {
    self.show(e);
    return false;
  });

  this.$close.on("click", function(e) {
    self.hide(e);
    return false;
  });

  this.$overlay.on("click", function(e) {
    self.hide(e);
    return false;
  });

  this.$next.on("click", function(e) {
    self.next(e);
    return false;
  });
  this.$prev.on("click", function(e) {
    self.prev(e);
    return false;
  });
};

省略

Modal.prototype.hide = function(e) {
  this.$container.fadeOut();
  this.$overlay.fadeOut();
};

Modal.prototype.slide = function(index) {
  this.$contents.find("img").fadeOut({
    complete: function() {
      var src = $("[data-index=\"" + index + "\"]").find("img").attr("src");
      $(this).attr("src", src).fadeIn();
    }
  });
};
```

❼

❾

045

```
Modal.prototype.countChange = function(num, index, len){
  return (index + num + len) % len;
};

Modal.prototype.next = function() {
  this.index = this.countChange( 1, this.index, this.$el.length);
  this.slide(this.index);
};

Modal.prototype.prev = function() {
  this.index = this.countChange( -1, this.index, this.$el.length);
  this.slide(this.index);
};
```
⑩

⑧

「this.$next」（次へボタン）と「this.$prev」（前へボタン）のclickイベントのイベントハンドラに、それぞれnextメソッドとprevメソッドを実行する関数を登録します（❼）。nextメソッドとprevメソッドでは、countChangeメソッドを使って、現在表示している画像のインデックスをもとに次のインデックスを計算し、その値をslideメソッドに渡します（❽）。slideメソッドでは現在表示されている画像をfadeOutさせてから、引数で受け取ったインデックスの画像をfadeInさせます（❾）。

わざわざslideメソッドを作らずに、nextメソッドとprevメソッドに直接画像の表示処理を書けばいいのでは、と思う人もいるでしょう。Chapter-01で説明したように、機能ごとにメソッドを分割することで各メソッドの役割が明確になり、再利用しやすくなります。インデックスを引数で渡して表示するだけのslideメソッドは、nextメソッドとprevメソッドの両方で使うことができています。

次に表示する画像のインデックスの渡し方について、少し掘り下げてみましょう。nextメソッドとprevメソッドを見ると、両方ともcountChangeという同じメソッドを利用していますが（❽）、第1引数で渡している値に違いがあります。nextメソッドは「1」、prevメソッドは「-1」を渡しています。countChangeメソッドを詳しく見ていきます（❿）。

```
Modal.prototype.countChange = function(num, index, len){
  return (index + num + len) % len;
};
```

このメソッドは、「num」「index」「len」の3つの引数を取ります。「return (index + num + len) % len」だけを見るとわかりにくいと思うので、サムネイルの1枚目をモーダルウィンドウで表示した後にnextメソッドを呼び出したと仮定して、そのときの引数を入れて確認してみましょう。

引数を入れて直すと、次のように呼び出されます。

```
countChange(1, this.index, this.$el.length);
```

「this.index」が0で、「this.$el.length」が3なので、「return (index + num + len) % len;」

は次のようになり、%の演算子は割ったときの余りを返すので1になります。

```
return ( 0 + 1 + 3) % 3; // 1になる
```

　countChangeメソッドはこの計算した値を返すので、その値が「this.index」に代入されます。この処理を繰り返していくと、以下のように変化していき、次に表示したい画像のインデックスを取得できていることがわかります。前へボタン（prevメソッド）の場合も、引数numを変えるだけで、次に表示したい画像のインデックスを取得できます。

```
( 1 + 1 + 3) % 3 // 2

( 2 + 1 + 3) % 3 // 0

( 0 + 1 + 3) % 3 // 1
```

保守性の高いコードにする

　上記の書き方では、次に表示したい画像のインデックスを取得できるものの、どこからでも「this.index」にアクセスできるので、もし別の人が処理を追加したときに書き換えられて意図しない動作になってしまう可能性があります。そこで、Chapter-01で説明したクロージャを使って、保守性の高いコードにしてみましょう。

サンプルファイル：chp02-02/05/scripts/app.js

```javascript
Modal.prototype.show = function(e) {
  var $target = $(e.currentTarget),
      src = $target.attr("href");
  this.$contents.html("<img src=\"" + src + "\" />");
  this.$container.fadeIn();

  var index = $target.data('index');
  this.countChange = this.createCounter(index, this.$el.length);   // ⓫
  return false;
};

省略

Modal.prototype.createCounter = function(index, len){
  return function(num) {
    return index = (index + num + len) % len;                      // ⓬
  };
};

Modal.prototype.next = function() {
  this.slide(this.countChange( 1 ));
};
                                                                   // ⓭
Modal.prototype.prev = function() {
  this.slide(this.countChange( -1 ));
};
```

まず、showメソッドの中で「var index」という変数を作ることにより、このメソッドの外からアクセスができないようにしています。そして、countChangeメソッドをcreateCounterに変更し、さらに引数を2つに変更して先ほど作った変数indexを引数として渡します（⓫）。

変更前は計算した値を返していましたが、変更後は新たに作った「this.countChange」に「this.createCounter」の返り値の関数がセットされることになります（⓬）。

これにより、this.countChangeには返り値の関数がセットされたので、「前の方へ進む(-1)」、「次の方へ進む（1）」の数値を引数に渡すだけで、次に表示したいインデックスを取得できます（⓭）。計算式は先ほど使ったものと同じです。このように変数を外部からアクセスができないように閉じ込めてしまうと、書き換えられる心配もなくなり、修正時や新たにコードを書き足していくときにこの変数を意識せずに作業できます。

さらに今回の書き方では「this.index」も不要になるので削除することができます（⓮）。短いコードであれば、プロパティを何に使っているのかを追うことはできます。しかし、とてつもなく長いコードでどこからでもアクセスができるプロパティを様々なところで使っていると、後から読んだ人がこのプロパティを何に使っているのだろうかと修正箇所以外まで追っていくことになってしまいます。また、気を付けていたとしても、値が意図しないものに変更されて動かなくなってしまうこともあります。

クロージャを使って変更したように、どこからでもアクセスできるプロパティを使わなくすることで、このプロパティを何に使っているんだろうかと悩むことや、不用意に値が変更されることもなくなり、より保守性の高いコードになります。

```
                                              chp02-02/05/scripts/app.js
Modal.prototype.initialize = function(el) {
  this.$el = el;
  this.$container = $("#modal");
  this.$contents = $("#modal-contents");
  this.$close = $("#modal-close");
  this.$next = $("#modal-next");
  this.$prev = $("#modal-prev");
  this.$overlay = $("#modal-overlay");

  // 不要になるので削除
  this.index = 0;                                              ⓮

  this.$window = $(window);
  this.handleEvents();
};
```

以上でモーダルウィンドウの基本的な動きは完成ですが、現状のコードだとブラウザウィンドウの幅を小さくしたときに、モーダルウィンドウの拡大画像が大きくはみ出てしまいます。

ここまでのサンプル

スマホサイズで表示した場合

次のSectionでは、resizeイベントが発生したときにモーダルウィンドウの幅を変更するようにし、さらにloadイベントを使用してスマートフォンなどの画面サイズの小さい端末にも対応できるようにします。

Chapter-02

03 実践 resizeイベント・loadイベントを処理する

resizeイベント・loadイベントを使用して、小さいウィンドウ幅でも拡大画像の全体が表示されるようにしてみましょう。

○ resizeイベントを処理する

ここまでのコードだと、ブラウザウィンドウの幅を小さくすると、モーダルウィンドウの拡大画像が大きすぎてはみ出してしまい、全体が見えなくなります。その問題を解決するために、「ウィンドウ幅が640pxより小さい場合にはモーダルウィンドウのサイズを変更する」機能を作ります。

サンプルファイル：chp02-03/01/scripts/app.js

```
function Modal(el) {
  this.initialize(el);
}

Modal.prototype.initialize = function(el) {
  this.$el = el;
  this.$container = $("#modal");
  this.$contents = $("#modal-contents");
  this.$close = $("#modal-close");
  this.$next = $("#modal-next");
  this.$prev = $("#modal-prev");
  this.$overlay = $("#modal-overlay");
  this.$window = $(window);
  this.handleEvents();
};

Modal.prototype.handleEvents = function() {
  var self = this;
  this.$el.on("click", function(e) {
    self.show(e);
    return false;
  });

  this.$close.on("click", function(e) {
    self.hide(e);
    return false;
  });

  this.$overlay.on("click", function(e) {
    self.hide(e);
    return false;
  });

  this.$next.on("click", function(e) {
    self.next(e);
    return false;
```

```
  });

  this.$prev.on("click", function(e) {
    self.prev(e);
    return false;
  });

  this.$window.on("resize", function(){
    self.resize();
  });
};

Modal.prototype.show = function(e) {
  var $target = $(e.currentTarget),
      src = $target.attr("href");
  this.$contents.html("<img src=\"" + src + "\" />");
  this.$container.fadeIn();
  this.$overlay.fadeIn();

  var index = $target.data("index");
  this.countChange = this.createCounter(index, this.$el.length);
  return false;
};

Modal.prototype.hide = function(e) {
  this.$container.fadeOut();
  this.$overlay.fadeOut();
};

Modal.prototype.slide = function(index) {
  this.$contents.find("img").fadeOut({
    complete: function() {
      var src = $("[data-index=\"" + index + "\"]").find("img").➡
attr("src");
      $(this).attr("src", src).fadeIn();
    }
  });
};

Modal.prototype.createCounter = function(index, len){
  return function(num) {
    return index = (index + num + len) % len;
  };
};

Modal.prototype.next = function() {
  this.slide(this.countChange( 1 ));
};

Modal.prototype.prev = function() {
  this.slide(this.countChange( -1 ));
};
```

➊

```js
Modal.prototype.resize = function() {
  var w = this.$window.width();
  if(w < 640){
    this.$container.css({"width": "320","height":"213"});
  }else{
    this.$container.css({"width": "750","height":"500"});
  }
};

var modal = new Modal($("#modal-thumb a"));
```

❷

「this.$window」のresizeイベントのイベントハンドラにresizeメソッドを登録します（❶）。resizeメソッドでは、ブラウザウィンドウ幅によって「this.$container」のサイズを変更させます（❷）。

実際にブラウザウィンドウ幅を変更してみると、次のようなstyle属性がセットされます。

```html
<!-- 640pxより小さい場合 -->
<div id="modal" style="width: 320px; height: 213px;">

<!-- 640px以上の場合 -->
<div id="modal" style="width: 750px; height: 500px;">
```

ウィンドウ幅が640px以上の場合

ブラウザウィンドウ幅が狭い場合でも、画像の全体が表示されるようになりました。しかし、このコードだと、最初にページを読み込む（load）ときに今回作成したresizeメソッドは呼ばれないため、「this.$container」に上記のwidthとheightはセットされません。もともと画面サイズが小さいスマートフォンなどで見た場合は、画像がはみ出たままになってしまいます。loadイベントを使ってこの問題を解決しましょう。

ウィンドウ幅が640pxより小さい場合

◯ loadイベントを処理する

ページが読み込まれたとき（load）にresizeメソッドが呼ばれない、この問題を解決するために、ページがloadされたときにもresizeメソッドが呼ばれるように変更します。その方法は、resizeイベントのイベントハンドラを登録していたところにloadを追加するだけです。

サンプルファイル：chp02-03/02/scripts/app.js

```
this.$window.on("load resize", function(){
  self.resize();
});
```

なお、onメソッドのイベント名は、スペースで区切ることで複数のイベントに共通の処理を設定することができます。

```
$(".bar").on("click dblclick", function(){
  console.log("Hello World");
});
```

以上で、一連の作業は終了です。しかし、現在のコードは、静的に書かれたDOM要素のみに対して動作するようになっています。動的にサムネイルを追加して同じようにモーダルウィンドウに表示したい場合、新しく追加された要素に対してイベントリスナーが登録されていないので動きません。次のSectionでは、動的に要素を追加したときにイベントを処理する方法を解説します。

Chapter-02 04 実践 動的に追加した要素でもイベントを処理する

ここまでは静的に書いてあるDOMに対してイベントを登録してきました。最後にJavaScriptで動的に追加した要素に対してイベントを登録できるようにしてみましょう。

○ delegate について

ここまでは静的に書いてあるDOMに対してイベントを登録してきました。では、次のように「もっと見る」ボタンを追加して、ボタンをクリックしてJavaScriptで動的に追加した要素に対してはどうでしょうか。まず、HTML・CSS・JavaScriptを次のように追加します。

サンプルファイル：chp02-04/01/index.html

```html
<div id="container">
  <ul id="modal-thumb">
省略
  </ul>
  <button type="button" id="more-btn" class="btn btn-primary">➡
もっと見る</button>
</div>
```

サンプルファイル：chp02-04/01/styles/index.css

```css
#more-btn {
  display: block;
  margin: 0 auto;
  width: 55%;
  text-align: center;
}
```

サンプルファイル：chp02-04/01/scripts/app.js

```js
$("#more-btn").on("click", function() {
  var html = '<li>\
    <a href="images/photo-04.JPG" data-index="3">\
      <img alt="" src="images/photo-04.JPG" width="160" ➡
class="img-thumbnail">\
    </a>\
  </li>';
  $(html).appendTo($("#modal-thumb")).hide().fadeIn();
  $(this).fadeOut();
  modal.$el = $("#modal-thumb a");
});
```

「もっと見る」ボタンをクリックすると、サムネイル部分の右側に新たにサムネイルが追加される

　実際に動かしてみるとわかりますが、今までの書き方では動的に追加した要素にイベントは適用されません。動的に追加した要素にイベントを適用するには、「delegate」という書き方をする必要があります。前のSectionまでは次のような書き方をしていました。

```
$("p").on("click", function(){
  alert("clicked");
});
```

delegateを使って書くと次のようになります。

```
$("div").on("click", "p", function(){
  alert("clicked");
});
```

　delegateでは、イベントを監視したい要素の親要素に対してイベントを設定し、その要素以下でイベントが起きた場合にバブリングフェーズでキャッチします。キャッチしたイベントの発生もとが第2引数のセレクタと一致したら登録した関数を実行します。親要素にイベントのdelegateをしているため、動的に追加された要素でもイベントを処理することができます。

　例えば、「<p class="a"></p>」が動的に追加されている、次のようなHTMLがあるとします。上記のようにdelegateを使うと、動的に追加されている要素でもイベントを処理することができるので「<p class="a"></p>」をクリックしたときに上記のコードの処理をします。しかし、親要素のdiv要素に対してイベントを設定しているので、div要素に囲まれていない「<p class="b"></p>」をクリックしてもイベントをキャッチできないので、上記の処理は実行されません。

```
<div>
  <p class="a"></p><!-- 動的に追加された要素 -->
</div>

<p class="b"></p>
```

これを踏まえた上で、これまでのコードを書き換えてみましょう。

○ delegateでイベントを処理する

delegateを使い、動的に追加した要素のDOMイベントを処理してみましょう。Section-03までのコードを次のように変更します。

サンプルファイル：chp02-04/02/scripts/app.js

```javascript
function Modal(el) {
  this.initialize(el);
}

Modal.prototype.initialize = function(el) {
  this.$el = el;
  this.$container = $("#modal");
  this.$contents = $("#modal-contents");
  this.$close = $("#modal-close");
  this.$next = $("#modal-next");
  this.$prev = $("#modal-prev");
  this.$overlay = $("#modal-overlay");

  this.$parents = this.$el.parents("ul");         ─→ ①

  this.$window = $(window);
  this.handleEvents();
};

Modal.prototype.handleEvents = function() {
  var self = this;
  this.$parents.on("click", "a" , function(e) {   ─→ ②
    self.show(e);
    return false;
  });

  this.$close.on("click", function(e) {
    self.hide(e);
    return false;
  });

  this.$window.on("load resize", function(){
    self.resize();
  });

};
```

「this.$el」の親要素であるul要素を定義しておきます（❶）。「this.$parents」に対して
イベントを設定し、onメソッドの第2引数にaを追加して、delegate方式の書き方に変更
します（❷）。

これまでのコードと変更したコードを見比べてみると、イベントを登録する対象が
「this.$el」からその親要素「this.$parents」に変更されていることがわかります。

```
// 変更前
  this.$el.on("click", function(e) {
  return self.show(e);
});

// 変更後
  this.$parents.on("click", "a" , function(e) {
  return self.show(e);
});
```

「this.$el」の中身はconsoleで見てみるとわかりますが、インスタンス化したときに渡し
ている「#modal-thumb」のaが入っています。

```
Console  Search  Emulation  Rendering
  <top frame> ▼  □ Preserve log
▼ [a, a, a, prevObject: n.fn.init[1], context: document, selector: "#modal-thumb a", jquery: "2.1.1", constructor: function…]
  ▶ 0: a
  ▶ 1: a
  ▶ 2: a
  ▶ context: document
    length: 3
  ▶ prevObject: n.fn.init[1]
    selector: "#modal-thumb a"
  ▶ __proto__: n[0]
```

consoleの結果

「this.$parents」は「#modal-thumb」を指し、変更後はこの中からaを探して該当のセ
レクタにイベントを設定しています。変更前と後でイベントを設定したい要素に変わりは
ありません。

また、delegateの書き方を使って、次のように書き換えることも可能です。

サンプルファイル：chp02-04/03/scripts/app.js

```
Modal.prototype.initialize = function(el) {
  this.$el = el;
  this.$container = $("#modal");
  this.$contents = $("#modal-contents");

  // 削除
  this.$close = $("#modal-close");
  this.$next = $("#modal-next");         ❸
  this.$prev = $("#modal-prev");

  this.$overlay = $("#modal-overlay");
  this.$parents = this.$el.parents("ul");
  this.$window = $(window);
  this.handleEvents();
```

```
};

Modal.prototype.handleEvents = function() {
  var self = this;
  this.$parents.on("click", "a" , function(e) {
    self.show(e);
    return false;
  });

  this.$container.on("click", "#modal-next", function(e) {
    self.next(e);
    return false;
  });
  this.$container.on("click", "#modal-prev", function(e) {
    self.prev(e);
    return false;
  });
  this.$container.on("click", "#modal-close", function(e) {
    self.hide(e);
    return false;
  });
```
→ ❹

　先ほどのコードでは、「this.initialize」のときに「this.$close」「this.$next」「this.$prev」を定義していましたが、それを削除します（❸）。そして、それぞれの親要素である「this.$container」に対してイベントを設定し、第2引数にはそれぞれ登録した関数を実行させたいセレクタを指定しています（❹）。

　このようにしておくことで、コード全体の見通しがよくなり、何に使っているか追わなければいけない余分なプロパティを作成しなくて済むので保守性が落ちることもありません。

◯ まとめ

　このChapterでは、モーダルウィンドウを例にとって、イベント処理について解説してきました。その中で以下の点を学習しました。

- DOMイベント（click、resize、load）
- delegate

　イベント処理はユーザーインタラクションの基本なので、今後も使う場面は多々出てくるはずです。ここでしっかりと身に付けておきましょう。また、Chapter-01で学習した内容のプロトタイプとクロージャ、thisを使い実装しました。Chapter-01の内容は今後も重要なのでここまででしっかりと押さえておきたいところです。次のステップとして、プロトタイプを取り入れて、コンテンツをスライドで動かせるカルーセルを作ってみてはいかがでしょうか。

Chapter 03

グラフィック表現

ここでは「グラフィック表現」として、HTML5の登場とともに注目されているCanvas APIについて学び、グラフィック表現の基礎を習得していきます。

Chapter-03 目標

概要と達成できること

このChapterでは、パーティクルシステムを作成しながら、Canvasを使ったグラフィック表現について解説します。

◯ Canvasとパーティクルシステム

このChapterでは、数あるグラフィック表現手法の中から、HTML5の仕様であるCanvas API（以降　Canvas）について解説し、以下の3点を目標にしています。

- Canvasについて理解する
- Canvasを使ったグラフィック表現の基礎を習得する
- グラフィック表現を自分なりに発展させる

Webでのグラフィック表現というと、以前はAdobe Flashが主に使用されていました。しかし、モバイル環境でFlashがサポートされていないため、Canvasが注目されるようになり、今やクロスブラウザのグラフィック表現を実現する上でCanvasは不可欠な存在になっています。

グラフィック表現には様々な手法・技術がありますが、ここではパーティクルシステムを取り上げて学習していきます。パーティクルシステムとは、炎や煙、流水といった、ある種ランダム性を持った事象、物体をシミュレートする際に使われます。パーティクルシステムを取り上げた理由としては、以下の点が挙げられます。

- Canvasの基礎を学習するのに適している
- ちょっとしたエフェクトなど、利用頻度が高い
- （場合によるが）コード全体を把握しやすい

通常、パーティクルシステムでは3次元を扱いますが、座標計算などの処理が複雑になり基礎部分の理解を難しくするため、2次元に単純化して考えます。2次元とはいえ、根本的な部分は3次元と変わりません。

パーティクルは「小さな粒子」「小片」という意味で、パーティクルシステムは、その小さな粒子がたくさん集まり、または拡散することで、全体として一つの表現になります。一つひとつの粒子は、同じルールのもとで動作します。

◯ サンプル「パーティクルシステム」のHTMLとCSS

このChapterでは、サンプルとしてパーティクルシステムを作成します。何か特別な事象をシミュレートしたものではないですが、光のようなもの、フラッシュをイメージして作ります。ぱっと見た感じではわかりづらいかもしれませんが、たくさんのパーティクルが変化しながら動いています。そして、それらのパーティクルは同じルール、一つのオブジェ

クト定義をもとに動いています。

　それぞれのパーティクルが自律して動くことで全体として一つの表現になっています。各パーティクルのルールはとても単純なものです。単純なルールにもとづいて動くパーティクルがそれぞれに影響し合って、たくさん集まることで大きな効果が生まれる、というところがパーティクルシステムの面白さだと思います。

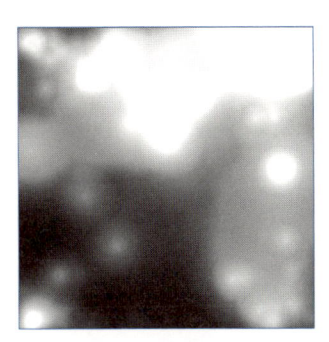

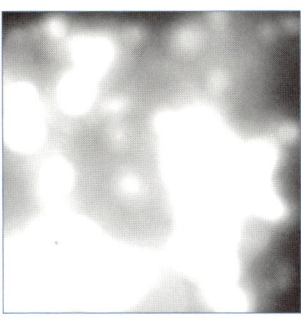

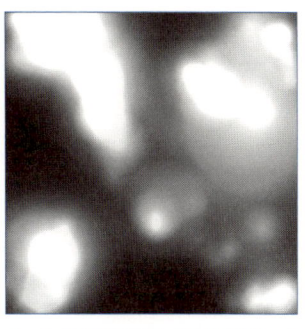

パーティクルとしてグラデーション付きの円を作り、円の半径、円の動く方向、グラデーションの描画色をランダムに設定し、さらに描画モードや寿命も設定することで、カラフルなフラッシュを流動的に表現している

　このサンプルのHTMLとCSSは以下のとおりです。

サンプルファイル：chp03-00/index.html

```html
<!DOCTYPE html>
<html lang="en">
  <head>
    <meta charset="UTF-8">
    <title>Particle</title>
    <link rel="stylesheet" href="index.css">
  </head>
  <body>
    <canvas id="canvas"></canvas>  ❶
    <script src="./index.js"></script>
  </body>
</html>
```

サンプルファイル：chp03-00/index.css

```css
* {
  margin: 0;
  padding: 0;
}
#canvas {
  display: block;
}
```

　Canvasでは、canvas要素を用意し（❶）、そこにJavaScriptでコンテンツを描画します。canvas要素内にコンテンツ（テキストや画像）を記述しておけば、Canvas未対応環境では代替コンテンツとして表示されます。

　Section-02からJavaScriptを使ってパーティクルを実装していきます。

Chapter-03
01 基本 Canvasの対応状況

サンプルの作成に入る前に、Canvasの歴史と、ブラウザの対応状況について解説します。

○ Canvasとは

Canvasは、ブラウザ上でグラフィックを表現するために策定された仕様です。最初は、2004年にAppleがSafariでのWebアプリケーションを強化するために導入しました。その後、Mozilla FirefoxやOperaでも採用され、WHATWG（Web Hypertext Application Technology Working Group）から標準規格として採用されました。

通常、HTML上でグラフィックを表示する場合、JPEGやGIF、PNGといったフォーマットの画像をimg要素を使って表示します。Canvasではそうした画像を、JavaScriptを使って動的に描画することができます。しかし、Canvasは img要素を置き換えるものではありません。単に写真を表示するだけなら img要素を使った方が簡単です。CanvasではJavaScriptを使って動的に画像を生成できるので、ユーザー操作に反応して変化するインタラクティブなグラフィックやアニメーションに使用することができます。

ブラウザ上のインタラクティブ表現というと、今までは主にAdobe Flashが使われてきたのですが、スマートフォンの登場によって状況が変わりました。スマートフォンでは、バッテリー消費の問題からiOS端末（iPhoneやiPadなど）では対応が見送られたため、モバイル向けFlash Playerは思うように普及しませんでした。

そうこうしているうちに、HTML5 Canvasのサポート率の方が高くなり、またモバイルユーザーはリッチコンテンツにおいてはアプリケーションを好む傾向がある（ネイティブアプリの方が数倍スムーズに動く）などの状況を受けて、モバイル向けFlash Playerは、2012年に開発終了となりました。

そして今Canvasは、Webの標準仕様となり、現時点では最も広くサポートされており、動的なグラフィック、ゲーム、リッチコンテンツなどを実装する手段として不可欠なものになっています。ただし、デスクトップ環境においては、CanvasはFlashを完全に置き換えるものではありません。機能・パフォーマンスにおいては、依然Flashの方が優れています。そのため、高機能・ハイパフォーマンスが求められるリッチなデスクトップコンテンツではFlashが使われることが多いようです。反面、パフォーマンスよりも幅広い環境（モバイル・デスクトップ）での使用が重視されるコンテンツではCanvasが利用されています。

❀ Canvasのブラウザ対応状況

Canvasは、Safari 1.3以降、Opera 9以降、Firefox 1.5以降、Internet Explorer 9以降、主要なスマートフォンの標準ブラウザ（Android 2.1以降、iOS 3.2以降）で使用できます。詳しくは、Web技術のブラウザサポート状況を提供しているサイト「Can I use」をご覧ください。

「Can I use」によるCanvasのブラウザ対応状況。http://caniuse.com/#feat=canvas

○ WebGLについて

　先ほど、機能・パフォーマンスに関してはFlashの方が優れていると述べましたが、WebGLの登場で状況は変わりつつあります。WebGLとは、Webブラウザ上で3Dグラフィックスを表示するための標準仕様で、GPUを使用して処理を行うことができるため非常に高速です。2014年には、iOS8上のSafariで利用できるようになり、主要ブラウザの最新版ではほぼWebGLが利用できるようになりました。モバイルデバイス上のブラウザでも今後対応が進んでいくでしょう。

　パフォーマンス面では、Flashと同じくらい、ブラウザの実装によってはFlashを上回ることもあるようです。WebGL関連は現在活発に開発が進められています。本書では、WebGLは解説しませんが、three.js[※1]やAway3D[※2]といった、WebGLを手軽に扱えるようになるライブラリも出てきており、WebGL関連は今後より活発になっていくでしょう。

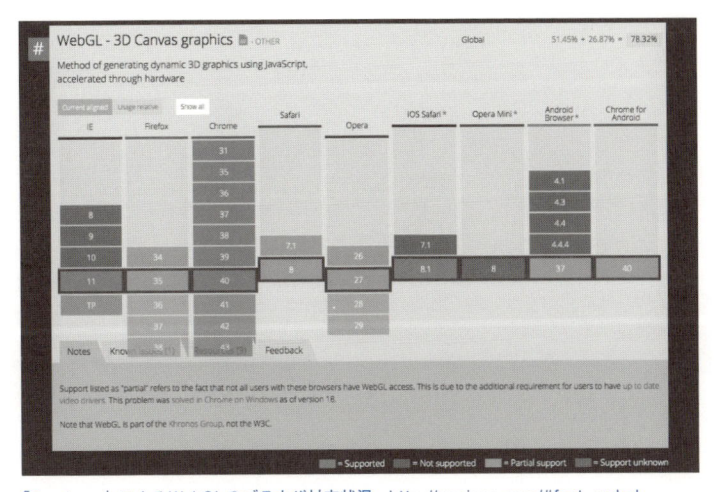

「Can I use」によるWebGLのブラウザ対応状況。http://caniuse.com/#feat=webgl

※1　three.js　http://threejs.org
※2　Away3D　http://typescript.away3d.com

Chapter-03
02 実践 パーティクルを描いて動かす

まずは、パーティクルを1つ描画して、それを動かしてみましょう。

○ Canvasの基本的な書き方

Canvasでグラフィックを描くためには、最初に以下の処理が必要です。

- canvas要素の取得
- canvas要素から描画コンテキストの取得

「canvas要素の取得」は次のコードで行います。canvas要素を取得し、変数canvasに代入します。

```
var canvas = document.getElementById( "canvas" );
```

続いて、「canvas要素から描画コンテキストの取得」は次のコードで行います。

```
var ctx = canvas.getContext( "2d" );
```

今回は2次元のグラフィックを作成するので、getContextメソッドの引数に「2d」を渡します。そして、取得した描画コンテキストを変数ctxに代入します。この描画コンテキストを操作することで、canvas要素に図形を表示したり、動かしたりすることができます。

○ 図形を描く

長方形を描く

canvas要素に図形を描くときは、Canvasの描画コンテキストに対して操作を行います。長方形を書いてみましょう。

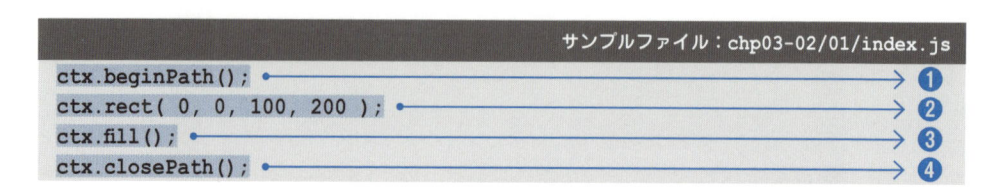

サンプルファイル：chp03-02/01/index.js

```
ctx.beginPath();           ①
ctx.rect( 0, 0, 100, 200 );  ②
ctx.fill();                ③
ctx.closePath();           ④
```

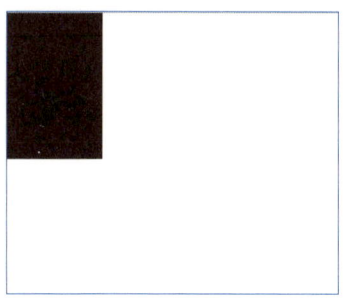

上記コードの実行結果。黒い長方形が描画される

まず、「ctx.beginPath();」でパスを初期化します（❶）。ここでいうパスとは、領域の境界線のようなものと思ってください。続いて、「ctx.rect(0,0,100,200);」で長方形のパスを描きます（❷）。4つの引数は、次のように位置とサイズの指定です。

```
ctx.rect( X座標, Y座標, 横幅, 高さ );
```

次に「ctx.fill();」で塗りつぶします（❸）。色を指定していないので、デフォルトでは黒く塗りつぶされます。色指定するには、fillStyle プロパティを指定します。

```
ctx.beginPath();
ctx.fillStyle = "#99ff66";
ctx.rect( 0, 0, 100, 200 );
ctx.fill();
ctx.closePath();
```

実行すると緑色に塗りつぶされました。fillStyle プロパティは、次のようにCSSのフォーマットで色を指定できます。

```
ctx.fillStyle = "red";
ctx.fillStyle = "#ff0000";
ctx.fillStyle = "rgb(255,0,0)";
ctx.fillStyle = "rgba(255,0,0,0.6)"; // 透明度が60%
```

最後に、closePath メソッドを使って、「ctx.beginPath();`」で開始したパスを閉じます（❹）。

円を描く

他の図形も描いてみましょう。次は円です。円を描くにはarcメソッドを使います。

サンプルファイル：chp03-02/02/index.js

```
ctx.beginPath();
ctx.fillStyle = "#99ff66";
ctx.arc( 100, 100, 40, 0, Math.PI * 2 );
ctx.fill();
ctx.closePath();
```

上記コードの実行結果。緑色の円が描画される

arcメソッドの引数は、rectメソッドとは少し違います。

```
ctx.arc( 円の中心のX座標 , 円の中心のY座標 , 円の半径 , ➡
円の始まりの角度 [ ラジアン ] , 円の終わりの角度 [ ラジアン ] , 描く向き );
```

ちょっとややこしいのが、4番目と5番目の引数です。ここで指定する角度はラジアンで指定しなければいけません。ラジアンは「角度の度数に円周率を掛けて180で割ったもの」です。円を描く場合は、0度から360度までパスを描きたいので「0 × Math.PI / 180」から「360 × Math.PI / 180」まで、これを計算すると、上記のコードになります。

Canvasには、他にも描画用のメソッドやAPIがあります。次は、主なメソッドです。詳しくは、「HTML5.JP」[※3]のリファレンスをご覧ください。

Canvasの主な描画メソッド

moveTo(x, y)	引数で指定された位置にサブパスの始点を作る
lineTo(x, y)	直前の位置から、引数で指定された位置まで直線を引く
quadraticCurveTo(cpx, cpy, x, y)	現在のパスに指定の地点を加え、指定の制御点を伴う二次ベジェ曲線によって、直前の地点と接続する
bezierCurveTo(cp1x, cp1y, cp2x, cp2y, x, y)	現在のパスに指定の地点を加え、指定の制御点を伴う三次ベジェ曲線を使って、直前の地点と接続する
arcTo()	現在のパスに1つ目の地点が追加され、その地点は直線によって直前の地点に接続される。そして、現在のパスに2つ目の地点が追加され、その地点はプロパティが引数で指定される円弧によって直前の地点に接続される

※3 http://www.html5.jp/canvas/ref.html

◯ 円を動かす

ここまでのコードは次のようになっています。緑色の長方形を1つ描いた状態です。

```
var canvas = document.getElementById( "canvas" );
var ctx = canvas.getContext( "2d" );

ctx.beginPath();
ctx.fillStyle = "#99ff66";
ctx.rect( 0, 0, 100, 200 );
ctx.fill();
ctx.closePath();
```

上記コードの実行結果。緑色の長方形が描画される

ここからは、グラフィックにアニメーションを付けていきます。Canvasで図形の動きを表現するためには、次のサイクルを繰り返し実行することになります。

1. 図形を描画する
2. 一度図形を消去する
3. 位置をずらす
4. 再度図形を描画する
5. 一定時間を置く（待機時間が短いほど滑らかに動く）

setTimeout・setInterval メソッドで繰り返し実行する

JavaScriptで繰り返し実行するには、setTimeout・setIntervalメソッドを使用します。

処理を繰り返すためのメソッド

setTimeout(関数, ミリ秒)	指定ミリ秒後に関数を実行する
setInterval(関数, ミリ秒)	指定ミリ秒間隔で関数を実行する。ブラウザ上でタブが非アクティブな状態になると、処理が軽減される

先ほどのサイクルを繰り返し実行するようにコードを書き換えます。

サンプルファイル：chp03-02/03/index.js

```
var interval = Math.floor(1000/60);             ❺

function draw() {
  ctx.beginPath();
  ctx.fillStyle = "#99ff66";
  ctx.rect( 0, 0, 100, 200 );
  ctx.fill();
  ctx.closePath();

  setTimeout( draw, interval );                 ❻
}

draw();                                         ❼
```

　1000ミリ秒／60FPSで1フレームあたりのミリ秒（指定時間）を計算して、変数intervalに代入します（❺）。そして、setTimeoutメソッドを使って、指定時間後に関数draw自身を再度実行するようにします（❻）。最後に、関数drawを実行して描画サイクルを開始します（❼）。

　実行してみても、描画位置を移動させていないので、何も変わったように見えないと思います。

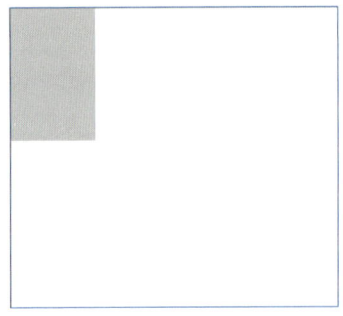

上記コードの実行結果。緑色の長方形が描画される。実際には、フレームごとに描画が繰り返されている

　1フレームごとに描画する位置をずらしてみます。

サンプルファイル：chp03-02/04/index.js

```
var interval = Math.floor(1000/60);
var x = 5;
var y = 5;

function draw() {
  x += 5;                                       ❽
  y += 5;

  ctx.beginPath();
  ctx.fillStyle = "#99ff66";
  ctx.rect( x, y, 100, 200 );
```

```
    ctx.fill();
    ctx.closePath();

    setTimeout( draw, interval );
}

draw();
```

　1フレームごとにXY座標を5ピクセルずらします（❽）。実行してみると、今度は前に描画された図形が残ってしまっていて線が引かれたようになってしまいます。

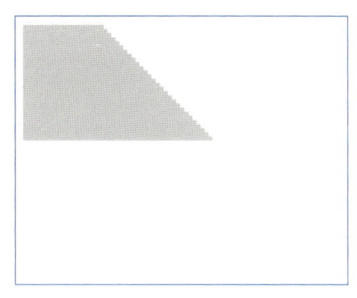

上記コードの実行結果。1フレームごとにXY座標を5ピクセルずらしながら、長方形を描画している
（移動するたびに、長方形が小さくなるように見えるのは、canvas要素のエリアの外にはみ出しているため）

　これは、描画サイクルのうち「2. 一度図形を消去する」の処理がないためです。Canvasの指定領域を消去するにはclearRectメソッドを使用します。

```
this.ctx.clearRect(X座標, Y座標, 横幅, 高さ);
```

　clearRectメソッドは、描画処理の直前に記述します。

サンプルファイル：chp03-02/05/index.js

```
var interval = Math.floor(1000/60);
var x = 5;
var y = 5;

draw();                                           ❾

function draw() {
  ctx.clearRect(0,0,500,500);                     ❿

  x += 5;                                         ⓫
  y += 5;

  ctx.beginPath();
  ctx.fillStyle = "#99ff66";
  ctx.rect( x, y, 100, 200 );                     ⓬
  ctx.fill();
  ctx.closePath();
```

```
    setTimeout( draw, interval );                                    ⓭
}
```

描画サイクルを当てはめてみましょう。「1. 図形を描画する」（❾）、「2. 一度図形を消去する」（❿）、「3. 位置をずらす」（⓫）、「4. 再度図形を描画する」（⓬）、「5. 一定時間を置く」（⓭）。これで、長方形が左上から右下に動くようになりました。

上記コードの実行結果。1フレームごとにXY座標を5ピクセルずらしながら、長方形が移動する
（移動するたびに、長方形が小さくなるように見えるのは、canvas要素のエリアの外にはみ出しているため）

requestAnimationFrameメソッドで描画タイミングを最適化する

setTimeoutメソッドを利用すると、「指定した間隔」と「ブラウザが画面を更新するタイミング」に差が生じることになります。そうなると、ブラウザが一度画面を更新する間に、何度か描画処理を行ってしまう事態が起き、パフォーマンスの低下に繋がる恐れがあります。それを解決するのが、requestAnimationFrameメソッドです。

requestAnimationFrameメソッドは、ブラウザの画面更新のタイミングで、指定された関数を呼び出します。requestAnimationFrameメソッドを使用するには、各ブラウザごとにベンダープレフィックスが必要です。このような場合、各ブラウザの差異を吸収して、同じ名前で呼び出せるようにしておきましょう。

```
window.requestAnimationFrame =
  window.requestAnimationFrame ||
  window.mozRequestAnimationFrame ||
  window.webkitRequestAnimationFrame ||
  window.msRequestAnimationFrame ||
  function(cb) {setTimeout(cb, 17);};                                ⓮
```

「function(cb) {setTimeout(cb, 17);}」は（⓮）、requestAnimationFrameメソッドが使えなかった場合にsetTimeoutを使うための記述です。canvas要素はInternet Explorer 9以降で使用できますが、requestAnimationFrameメソッドはInternet Explorere 10以降でしか使用できないため、Internet Explorer 9ではエラーになってしまいます。こうしておくことで、Internet Explorer 9でも表示できるようになります。

requestAnimationFrameメソッドのメリット・デメリット

メリット	毎回、ちゃんと描画できるタイミングで実行されるようになるため、「DOMやCSSを書き換えたが、描画できないタイミングだったので実際には動いていない」という無駄な処理が発生しない。setIntervalメソッドと同様に、ブラウザ上でタブが非アクティブな状態になると、処理が軽減される
デメリット	処理が実行されるタイミングがブラウザの画面更新のタイミングに依存するため、狙ったときに実行できない。また、実行されるタイミングも必ずしも一定とは限らないため、決まった間隔で処理させたい場合には、setTimeoutメソッドやsetIntervalメソッドを使用するとよい

では、ここまでのコードを、requestAnimationFrameメソッドを使って書き換えてみましょう。

サンプルファイル：chp03-02/06/index.js

```
window.requestAnimationFrame =
  window.requestAnimationFrame ||
  window.mozRequestAnimationFrame ||
  window.webkitRequestAnimationFrame ||
  window.msRequestAnimationFrame ||
  function(cb) {setTimeout(cb, 17);};                    ⑮

var x = 5;
var y = 5;

draw();

function draw() {
  ctx.clearRect(0,0,500,500);

  x += 5;
  y += 5;

  ctx.beginPath();
  ctx.fillStyle = "#99ff66";
  ctx.rect( x, y, 100, 200 );
  ctx.fill();
  ctx.closePath();

  requestAnimationFrame( draw );                         ⑯
}
```

requestAnimationFrameメソッドを使って、ブラウザの更新タイミングで実行するようにします（⑮、⑯）。ブラウザで開いて、動いていることを確認しましょう。先ほどと同じ動作となっていれば大丈夫です。

次のSectionでは、複数のパーティクルを動かしてみましょう。

Chapter-03

03 実践 複数のパーティクルを動かす

1つのパーティクルを描画して動かすことができたところで、次はたくさんのパーティクルを動かしてみましょう。

○ パーティクルを2つに増やす

まずは、図形の数を2つに増やしてみましょう。数を増やす前に、処理を関数にまとめて再利用しやすくします。描画する位置をずらす処理を updatePosition（❶）、描画する処理を draw（❷）、もともとの関数名を render（❸）と変更して処理を関数にまとめます。

```
window.requestAnimationFrame =
  window.requestAnimationFrame ||
  window.mozRequestAnimationFrame ||
  window.webkitRequestAnimationFrame ||
  window.msRequestAnimationFrame ||
  function(cb) {setTimeout(cb, 17);};

var x = 5;
var y = 5;

// 1．図形を描画する（描画サイクルの開始）
render();  ──────────────────────────→ ❸

function render() {
  // 2．一度図形を消去する
  ctx.clearRect(0,0,500,500);

  updatePosition();
  draw(x, y);

  // 5．一定時間を置く
  requestAnimationFrame( render );
}

function updatePosition() {
  // 3．位置をずらす
  x += 5;
  y += 5;                              ──→ ❶
}

function draw(posx, posy) {
  // 4．再度図形を描画する
  ctx.beginPath();
  ctx.fillStyle = "#99ff66";
  ctx.rect( posx, posy, 100, 200 );    ──→ ❷
  ctx.fill();
  ctx.closePath()
}
```

では、図形のサイズを小さくし、数を増やしてみましょう。図形の位置は、変数xと変数yにひも付いています。この変数を増やせば図形の数を増やせそうです。

サンプルファイル：chp03-03/01/index.js

```javascript
var x1 = 5;
var y1 = 5;                                              ❹
var x2 = 100;
var y2 = 5;

// 1. 図形を描画する
render();

function render() {
  // 2. 一度図形を消去する
  ctx.clearRect(0,0,500,500);

  updatePosition();
  draw(x1, y1);                                          ❻
  draw(x2, y2);

  // 5. 一定時間を置く
  requestAnimationFrame( render );
}
function updatePosition() {
  // 3. 位置をずらす
  x1 += 5;
  y1 += 5;                                               ❺
  x2 += 5;
  y2 += 5;
}

function draw(posx, posy) {
  // 4. 再度図形を描画する
  ctx.beginPath();
  ctx.fillStyle = "#99ff66";
  ctx.rect( posx, posy, 10, 20 );
  ctx.fill();
  ctx.closePath()
}
```

新たにx1、y1、x2、y2という変数を定義し（❹）、それぞれのXY座標をずらし（❺）、そして関数drawを2回呼び出します（❻）。これで2つの四角形を動かすことができるようになりました。

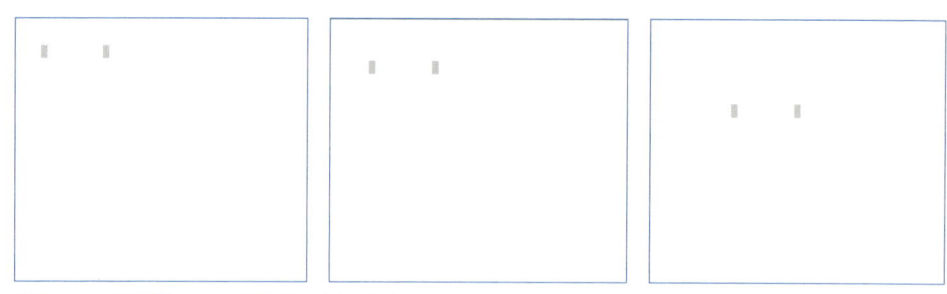

上記コードの実行結果。2つの図形が右下方向に移動する

　3、5、10、…、100個と図形の数を増やしたい場合、その都度変数を増やしていくのは大変です。そこで、Chapter-01で学んだプロトタイプを使うことにしましょう。プロトタイプで図形の動きの原型を定義することにより、数の変更に柔軟に対応することができます。

○ たくさんのパーティクルを動かす

　まずは、Particleという名前の関数を作成し、引数には描画コンテキストと初期座標を渡すようにします（❼）。先ほどまでのコードのdrawとupdatePositionに対応する関数を、関数Particleのプロトタイプに追加します（❽、❾）。

```
function Particle(ctx, x, y) {
    this.ctx = ctx;
    this.x = x || 0;
    this.y = y || 0;
}

Particle.prototype.draw = function(){
    // 4. 再度図形を描画する
    ctx = this.ctx;
    ctx.beginPath();
    ctx.fillStyle = "#99ff66";
    ctx.rect( this.x, this.y, 10, 20 );
    ctx.fill();
    ctx.closePath();
}

Particle.prototype.updatePosition = function() {
    // 3. 位置をずらす
    this.x += 5;
    this.y += 5;
}
```

❼
❽
❾

作成したParticleプロトタイプを利用するには、次のように記述します。

```
var particle = new Particle(ctx, 0, 0); // 初期位置は、横位置 x=0, 縦位置 y=0
```

このコードを先ほどまでのコードに適用すると、次のようになります。

```js
var particle1 = new Particle(ctx, 0, 0)                                    ⑩
var particle2 = new Particle(ctx, 100, 5)

function Particle(ctx, x, y) {
  this.ctx = ctx;
  this.x = x || 0;
  this.y = y || 0;
}

Particle.prototype.render = function(){
  this.updatePosition();
  this.draw();
}

Particle.prototype.draw = function(){
  // 4. 再度図形を描画する
  ctx = this.ctx;
  ctx.beginPath();
  ctx.fillStyle = "#99ff66";
  ctx.rect( this.x, this.y, 10, 20 );
  ctx.fill();
  ctx.closePath();
}

Particle.prototype.updatePosition = function() {
  // 3. 位置をずらす
  this.x += 5;
  this.y += 5;
}

// 1. 図形を描画する（描画サイクルの開始）
render();

function render() {
// 2. 一度図形を消去する
  ctx.clearRect(0,0,500,500);

  particle1.render();                                                      ⑩
  particle2.render();

  // 5. 一定時間を置く
  requestAnimationFrame( render );
}
```

さらに、⑩のParticleを作成する部分も同じ記述を繰り返しているので、数量の変更に柔軟に対応できるように変更します。それには、配列とfor文を使いましょう。変数NUMの数だけfor文で繰り返しnew Particleを実行し、配列particlesに追加していきます。そして、初期位置もランダムに配置するようにしましょう。

サンプルファイル：chp03-03/02/index.js

```js
var NUM = 20;
var particles = [];
```

```
for(var i = 0; i < NUM; i++) {
  positionX =  Math.random()*120;  // X座標を0-20の間でランダムに
  positionY =  Math.random()*20;   // Y座標を0-20の間でランダムに
  particle = new Particle(ctx, positionX, positionY);
  particles.push( particle );
}
```

加えて、関数 render も配列 particles を使うように変更します（⓫）。

サンプルファイル：chp03-03/02/index.js
```
function render() {
// 2. 一度図形を消去する
  ctx.clearRect(0,0,500,500);

  // 配列の各要素の関数 render を実行して図形を描画
  particles.forEach(function(e){ e.render(); });          ⓫

  // 5. 一定時間を置く
  requestAnimationFrame( render );
}
```

ここまでのコード全体は次のようになります。なお、パーティクル感を出すために、図形をさらに小さくして、4px四方の点にしています。

サンプルファイル：chp03-03/02/index.js
```
window.requestAnimationFrame =
  window.requestAnimationFrame ||
  window.mozRequestAnimationFrame ||
  window.webkitRequestAnimationFrame ||
  window.msRequestAnimationFrame ||
  function(cb) {setTimeout(cb, 17);};

var canvas = document.getElementById( "canvas" );
var ctx = canvas.getContext( "2d" );
var NUM = 20;
var particles = [];

canvas.width = canvas.height = 500

for(var i = 0; i < NUM; i++) {
  positionX =  Math.random() * 120;  // X座標を0-20の間でランダムに
  positionY =  Math.random() * 20;   // Y座標を0-20の間でランダムに
  particle = new Particle(ctx, positionX, positionY);
  particles.push( particle );
}

function Particle(ctx, x, y) {
  this.ctx = ctx;
  this.x = x || 0;
  this.y = y || 0;
```

```
}
Particle.prototype.render = function(){
  this.updatePosition();
  this.draw();
}

Particle.prototype.draw = function(){
  // 4. 再度図形を描画する
  ctx = this.ctx;
  ctx.beginPath();
  ctx.fillStyle = "#99ff66";
  ctx.rect( this.x, this.y, 4, 4 );
  ctx.fill();
  ctx.closePath();
}

Particle.prototype.updatePosition = function() {
  // 3. 位置をずらす
  this.x += 5;
  this.y += 5;
}

// 1. 図形を描画する（描画サイクルの開始）
render();

function render() {
  // 2. 一度図形を消去する
  ctx.clearRect(0,0,500,500);

  particles.forEach(function(e){ e.render(); }); // 配列の各要素の➡
関数renderを実行して図形を描画

  // 5. 一定時間を置く
  requestAnimationFrame( render );
}
```

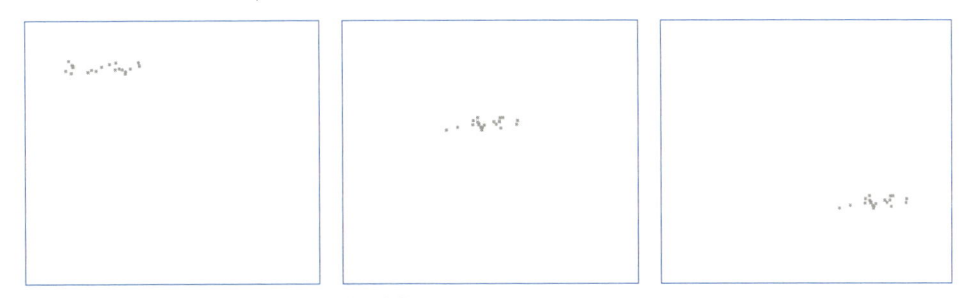

上記コードの実行結果。20個の点が右下方向に移動する

　変数NUMを変更して、点の数を増やしたり減らしたりしてみましょう。手軽に数を変更できるようにしたことで、表現の試行錯誤がしやすくなるはずです。
　次のSectionでは、たくさんのパーティクルをランダムに動かしてみます。

Chapter-03 04 実践 パーティクルをランダムに動かす

無数の点を動かすことができたところで、次はランダムな方向に動かしてみましょう。

○ ランダムに動かす

　点を描画する際にプロトタイプを使用することで、効率よく数量の変更ができるようになりました。しかし、一方向に動くだけでつまらないため、ランダムな方向に動くようにしましょう。JavaScriptで乱数を利用するには関数Math.randomを使用します。関数Math.randomでは、0から1の範囲でランダムな数字を返します。

```
var randomNumber = Math.random();
```

　X方向とY方向への速度を要素として加えましょう。X方向に関する速度をx、Y方向に関する速度をyとし、速度用のオブジェクトvのプロパティとして作成します（❶）。

サンプルファイル：chp03-04/01/index.js

```
function Particle(ctx, x, y) {
  this.ctx = ctx;
  this.x = x || 0;
  this.y = y || 0;
  // 速度用のオブジェクトv
  this.v = {
    x: Math.random()*10, // X方向の速度
    y: Math.random()*10  // Y方向の速度
  };
}
```
❶

　この記述では、XY方向の速度の値は、0〜10の間でランダムに設定されます。速度が10ということは、1フレーム（1回の描画サイクル）あたり10ピクセルずつ右に、または下に移動するということです。この速度をupdatePositionメソッドで使うようにしましょう（❷）。

サンプルファイル：chp03-04/01/index.js

```
Particle.prototype.updatePosition = function() {
  // 3. 位置をずらす
  this.x += this.v.x;
  this.y += this.v.y;
}
```
❷

　ここまでのコードを実行してみましょう。今まで速度はXY方向とも5で固定だったので全ての点の動きは同じでしたが、右下に向かって広がるような動きになりました。

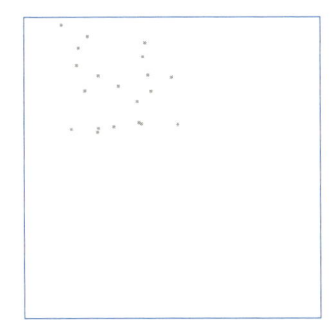

上記コードの実行結果。無数の点が、右下方向に様々な速度で移動する

　動きの方向が右下に向かっているのは、速度を設定するときに0〜10の範囲になっているためです。左方向にも動くように修正します。

サンプルファイル：chp03-04/02/index.js

```
this.v = {
  x: Math.random()*10-5, // X方向の速度
  y: Math.random()*10-5  // Y方向の速度
};
```

　もう一度実行して動きを見てみましょう。描画範囲いっぱいに上下左右バラバラに動いていますね。

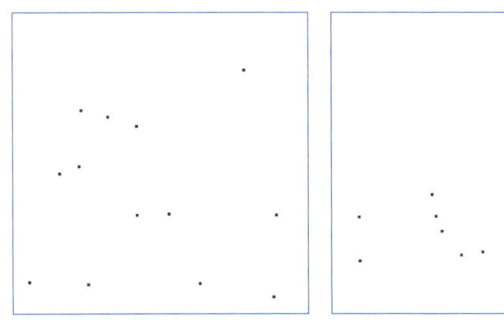

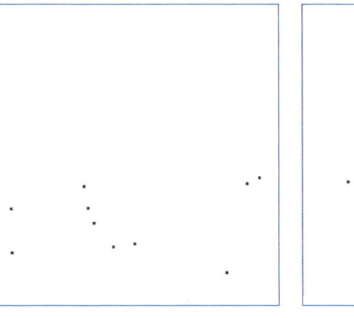

上記コードの実行結果。無数の点がランダムな方向に移動する

079

◯ 図形を再び範囲内に戻す

ランダムな方向に移動するようにはなりましたが、一度Canvasの範囲外に出てしまった点は消えてしまって、表示されません。消えてしまった点を再び範囲内に戻すようにしましょう。新たにwrapPositionメソッドを定義します。

サンプルファイル：chp03-04/03/index.js

```
Particle.prototype.wrapPosition = function(){
    if(this.x < 0 ) this.x = 500;
    if(this.x > 500 ) this.x = 0;
    if(this.y < 0 ) this.y = 500;
    if(this.y > 500 ) this.y = 0;
}
```
❸

X方向に関して左端に消えた点は右端から現れ、右端に消えた点は左端から出てきます。Y方向も同様です。この関数をrenderメソッド内で実行するようにします（❹）。

サンプルファイル：chp03-04/03/index.js

```
Particle.prototype.render = function(){
    this.updatePosition();
    this.wrapPosition(); // 範囲外に消えた図形を範囲内に戻す
    this.draw();
}
```
❹

実行するとうまく範囲内に収まっているようです。

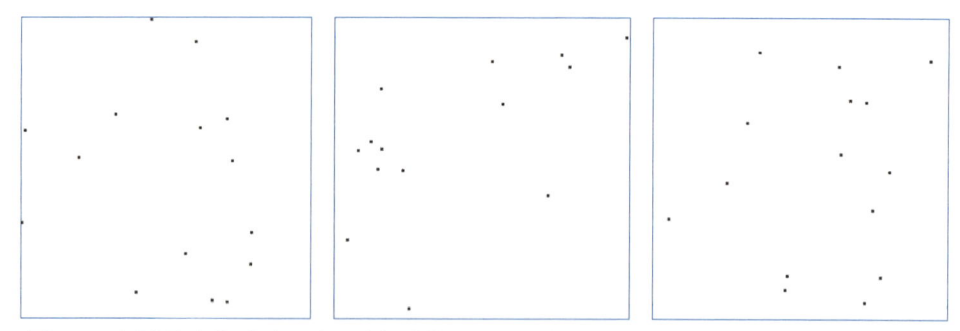

上記コードの実行結果。無数の点がランダムな方向に移動し、canvas要素のエリア外に出ると、反対側から現れる

❸の「if(this.x < 0) this.x = 500;」のように、描画する範囲の大きさを記述することが多くなってきました。このように数値を直接書いてしまうと、もっと大きくしたい場合などに、何箇所も修正しなくてはなりません。今後の修正・変更を手早く行えるようにするために、この部分を変更しておきましょう。

描画範囲の幅を変数W、高さを変数Hとして、それぞれ500にしておきます（❺）。なお、変数が多くなってきたので、変数宣言をカンマ区切りでまとめて見やすくしておきましょう。

サンプルファイル：chp03-04/04/index.js

```
var canvas = document.getElementById( "canvas" ),
    ctx = canvas.getContext( "2d" ),
    NUM = 20,
    particles = [],
    W = 500,
    H = 500                                              ❺
```

これを使って、数値を直接書いていた❸の部分を次のように書き換えます。

サンプルファイル：chp03-04/04/index.js

```
Particle.prototype.wrapPosition = function(){
  if(this.x < 0) this.x = W;
  if(this.x > W) this.x = 0;
  if(this.y < 0) this.y = H;
  if(this.y > H) this.y = 0;
}

省略

function render() {
  ctx.clearRect(0,0,W,H);
```

　これで描画範囲の変更に柔軟に対応できるようになりました。次のSectionでは、点を装飾してみましょう。

Chapter-03 05 実践 パーティクルを装飾する

無数の点をランダムに動かすことができ、これまでの作業を通してCanvasの基本的な部分は理解できたと思います。最後に、表現に関してより掘り下げてみましょう。

◯ 点を装飾する

ここまでで、無数の点を描画し動かすというところまで完成しました。実は、パーティクル表現の基本はこれだけで、あとは動かし方、配置の仕方を工夫したり、パーティクル同士が相互に干渉したりすることによって無限のバリエーションが生まれるものです。表現を掘り下げるにあたり、大まかに以下の3つの方針を考えていきます。

- ランダム性
- 表現のディテール
- 意外性

◯ ランダム性

グラデーション付きの円形にする

場所や動く速度に乱数を使ってランダム性を持たせてきましたが、色に関しても乱数を使ってバリエーションを付けましょう。まずは、点ではなく、グラデーション付きの円形にします。円を描くには、arcメソッドを使用します（❶）。引数には、座標と半径を指定し、描画角度と描画方向は省略可能です。

```
arc(X座標, Y座標, 半径, 描画角度, 描画方向：反時計回りかどうか);
```

サンプルファイル：chp03-05/01/index.js

```
Particle.prototype.draw = function(){
  // 4. 再度図形を描画する
  ctx = this.ctx;
  ctx.beginPath();
  ctx.fillStyle = this.gradient();
  ctx.arc( this.x, this.y, 10, Math.PI*2, false);   ❶
  ctx.fill();
  ctx.closePath();
}
```

次に、グラデーションを作ります。グラデーションにするには、fillStyleプロパティにグラデーションの設定オブジェクトを指定します。設定オブジェクトは「描画コンテキスト.createRadialGradient」関数で作成できます。引数には、グラデーションの開始円と終了円の2つを指定します。

```
描画コンテキスト.createRadialGradient(x0, y0, r0, x1, y1, r1)

x0：開始円のX座標
y0：開始円のY座標
r0：開始円の半径
x1：終了円のX座標
y1：終了円のY座標
r1：終了円の半径
```

開始円と終了円の座標は同じにし、半径は0から最大で10までとしましょう。さらに、開始円と終了円の中間地点での色合いを設定します。その設定ためにgradient.addColorStopメソッドを使います。

```
gradient.addColorStop(offset, color)

offset：0～1で範囲内を指定
color：指定箇所における色を指定
```

サンプルファイル：chp03-05/01/index.js

```javascript
Particle.prototype.gradient = function(){
  var col = "0, 0, 0";
  var g = this.ctx.createRadialGradient( this.x, this.y, 0, this.x, this.y, 10)
    g.addColorStop(0,   "rgba(" + col + ", 1)")    → ❷
    g.addColorStop(0.5, "rgba(" + col + ", 0.2)")  → ❸
    g.addColorStop(1,   "rgba(" + col + ", 0)")    → ❹
  return g
}
```

上記コードでは、開始地点（offset:0）では不透明な黒（❷）、中間地点（offset:0.5）では20%の透明度の黒（❸）、終了地点（offset:1）では透明な黒（❹）を設定しています。ここまでで実行してみましょう。

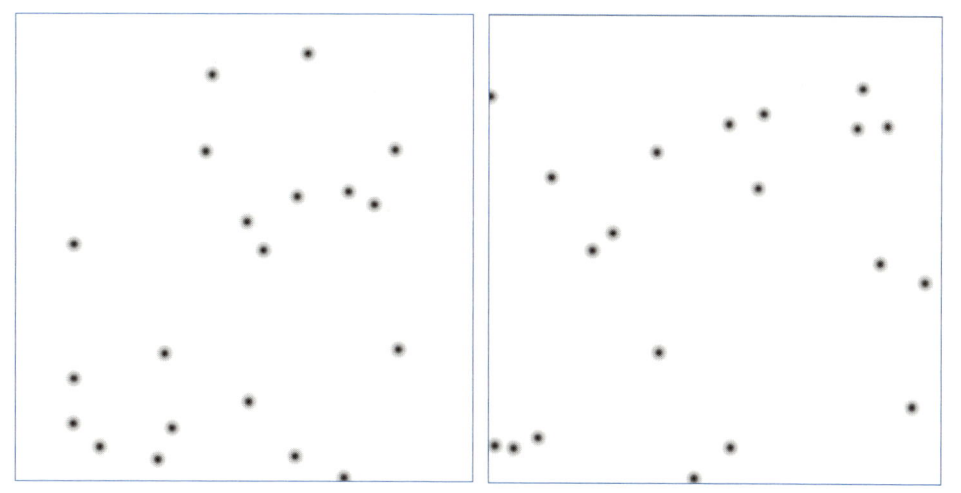

上記コードの実行結果。パーティクルを「点」から「グラデーション付きの円形」に変更したところ

さらに、円の半径を変更しやすくするために、数値を直接指定している部分を修正しておきます。あわせて、初期値を設定している他の処理も initialize メソッドとして分けておきましょう（サンプル：chp03-05/02/index.js）。

描画色もランダムにする

続けて、描画色もランダムに設定できるようにしましょう。初期化関数内で、描画色用のオブジェクトを作り、そこに rgba 各要素を作成します。

サンプルファイル：chp03-05/03/index.js
```
this.color = {
  r: Math.floor(Math.random()*255),
  g: Math.floor(Math.random()*255),
  b: Math.floor(Math.random()*255),
  a: 1
};
```
r: 赤　g: 緑　b: 青　a: 透明度

このオブジェクトの値をグラデーションオブジェクトの生成に使います（❺）。

サンプルファイル：chp03-05/03/index.js
```
Particle.prototype.gradient = function(){
  var col =  this.color.r + ", " + this.color.g + ", " + this.color.b;  ➡ ❺
  var g = this.ctx.createRadialGradient( ➡
this.x, this.y, 0, this.x, this.y, this.radius);
  g.addColorStop(0,   "rgba(" + col + ", 1)");
  g.addColorStop(0.5, "rgba(" + col + ", 0.2)");
  g.addColorStop(1,   "rgba(" + col + ", 0)");
  return g
}
```

ここまでで実行してみましょう。各点ごとに別々の色を設定できるようになっていますね。

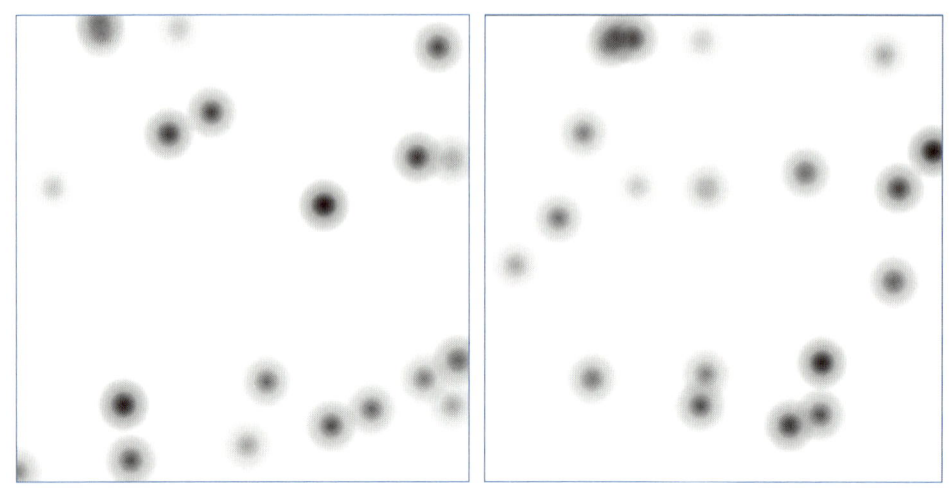

上記コードの実行結果。パーティクルの色がランダムに設定される

半径や数量を変更してみましょう。数値を変えるだけで大きく印象が変わると思います。

◯ 表現のディテール

✦ globalCompositeOperation属性

canvasの描画コンテキストには「globalCompositeOperation」という属性があります。この属性を切り替えることで表現の幅が大きく広がります。globalCompositeOperation属性には、種別がありますが、ここではlighterを指定します。

サンプルファイル：chp03-05/04/index.js
```
// 描画モードを比較明に
ctx.globalCompositeOperation = "lighter";
```

このlighterでは、一つひとつの円の重なり合う領域において、色情報が足し合わされ、1（白）に近づいていきます。これだけだと効果がわかりづらいので、円を大きくしてみましょう。

サンプルファイル：chp03-05/04/index.js
```
this.radius = 150;
```

ここまでで実行してみましょう。重なり合う部分が融け合うようになりました。

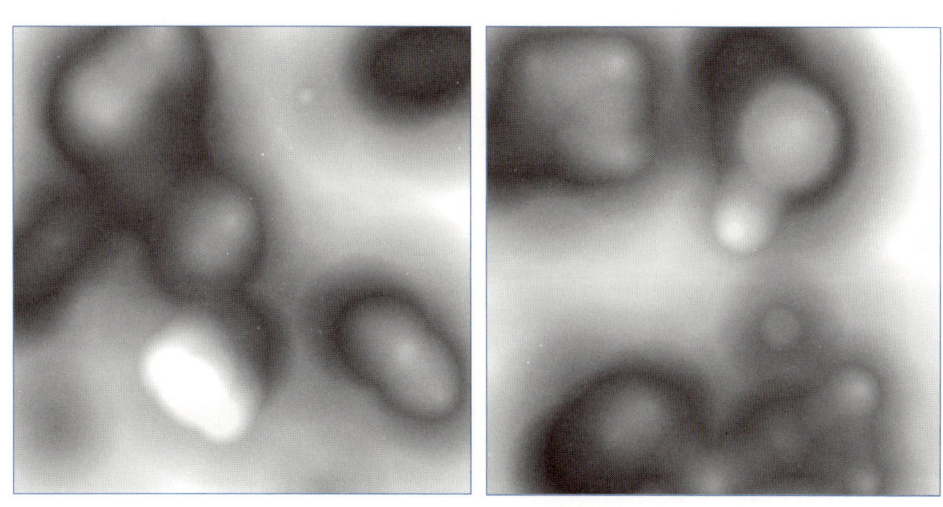

上記コードの実行結果。パーティクルの重なり合う部分が融け合うようになった

さらに円を大きくしてみましょう。

サンプルファイル：chp03-05/05/index.js
```
this.radius = 250;
```

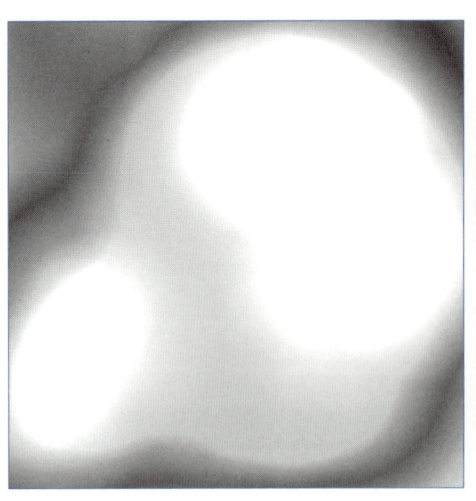

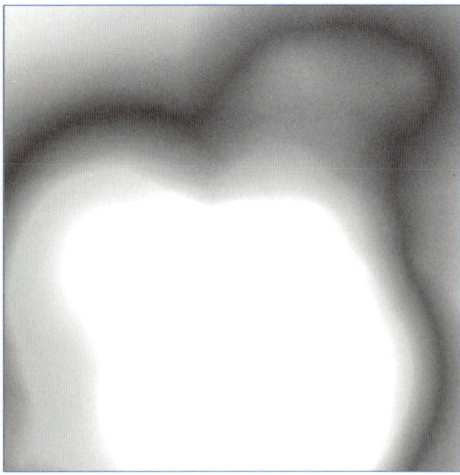

上記コードの実行結果。パーティクルの円を大きくしたところ

かなりいい感じになってきました。globalCompositeOperation属性は、他にも様々な値を取ることができます。詳しくはW3Cの仕様をご覧ください[※4]。

● 意外性

ここまででかなり完成に近づいていますが、もう一捻り加えてみましょう。意外性を出すためには、予期しない動き、急激な変化を加えます。変化を付けるには様々な方法がありますが、今回はそれぞれの円に寿命を設定し、その数値に応じた変化をさせてみます。

寿命は初期値を「this.startLife」として、「LIFEMAX」を上限としてランダムに設定し（❻）、それを「this.life」に代入しておきます（❼）。

サンプルファイル：chp03-05/06/index.js

```
this.startLife = Math.floor( LIFEMAX * Math.random() );            ❻
this.life = this.startLife;                                         ❼
```

このlifeはupdateParamsメソッドを定義して、徐々に減らしていきます。

サンプルファイル：chp03-05/06/index.js

```
Particle.prototype.updateParams= function() {
    var ratio = this.life / this.startLife;                         ❽
    this.color.a= 1-ratio;                                          ❾
    this.life -= 1;                                                 ❿
    if( this.life === 0 ) this.initialize();                        ⓫
}
```

このメソッドは次の流れになっています。

※4 http://www.w3.org/TR/2010/WD-2dcontext-20100624/#dom-context-2d-globalcompositeoperation

- 現在の寿命がどれくらい残っているか（ratio）を計算（❽）
- ratioは1から0まで変化（❽）
- 1からratioを引くことで、0から1に向かってa（透明度）が変化する（❾）
- lifeを減らす（❿）
- lifeが0になったら、再初期化（⓫）

透明度（this.color.a）を変化させているので、これを描画にも反映させます（⓬）。

サンプルファイル：chp03-05/06/index.js

```
Particle.prototype.gradient = function(){
  var col =  this.color.r + ", " + this.color.g + ", " + this.color.b;
  var g = this.ctx.createRadialGradient( ➡
this.x, this.y, 0, this.x, this.y, this.radius);
  g.addColorStop(0,   "rgba(" + col + ", " + ➡
(this.color.a * 1) + ")");
  g.addColorStop(0.5, "rgba(" + col + ", " + ➡
(this.color.a * 0.2) + ")");
  g.addColorStop(1,   "rgba(" + col + ", " + ➡
(this.color.a * 0) + ")");
  return g
}
```

ここまでで実行してみましょう。各円が徐々にフェードインして、寿命が0になったタイミングで消えて（初期化されて）いきますね。

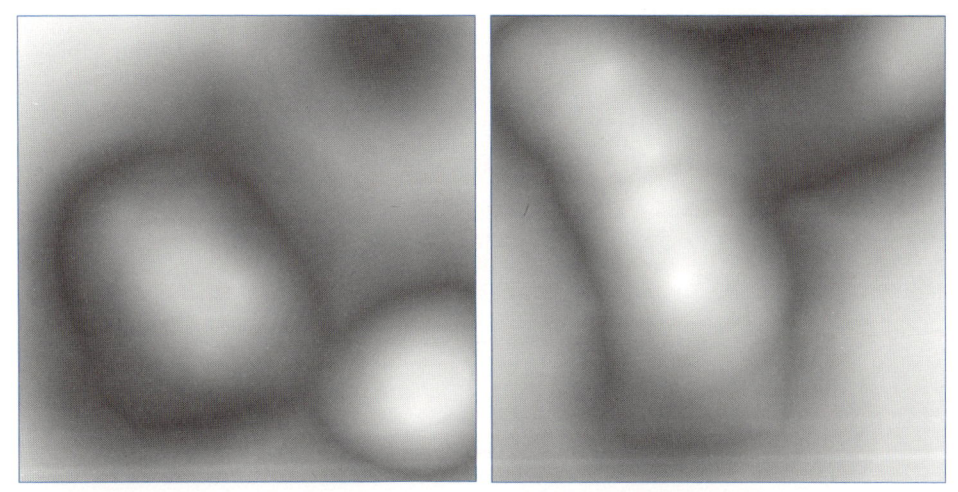

上記コードの実行結果。パーティクルの円に寿命を設定し、その数値に応じて透明度を変化させている

円の半径も寿命に連動するようにしてみましょう。updateParamsメソッドを書き換えます（⓭）。

サンプルファイル：chp03-05/07/index.js

```
Particle.prototype.updateParams= function() {
```

```
    var ratio = this.life / this.startLife;
    this.color.a= 1-ratio;
    this.radius = 30 / ratio // 寿命に応じて半径も変化させる          ⓭
    this.life -= 1;
    if( this.life === 0 ) this.initialize();
}
```

実行してみましょう。突然大きくなった円がフラッシュのように見えますね。

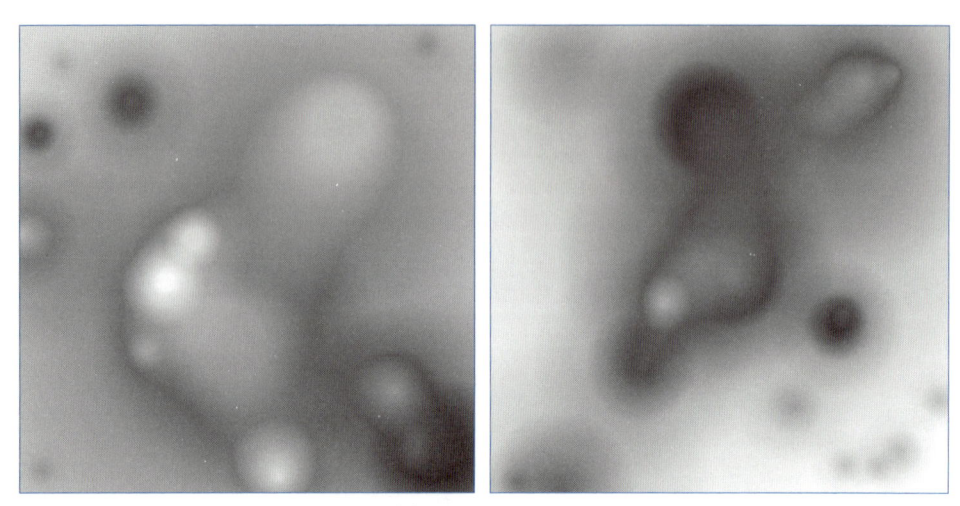

上記コードの実行結果。パーティクルの円の半径が寿命に応じて変化し、フラッシュのように見える

「this.life」が減っていくことでratioは0に近づいていきます。つまり、「this.radius = 30/ratio」は反比例の関係です。下図の反比例のグラフは、this.radiusとratioの関係を示したものです。ratioが、右方向から0に近づくにつれ、this.radiusの変化が大きくなっていくのがわかると思います。今回はこの急激な変化を利用しています。

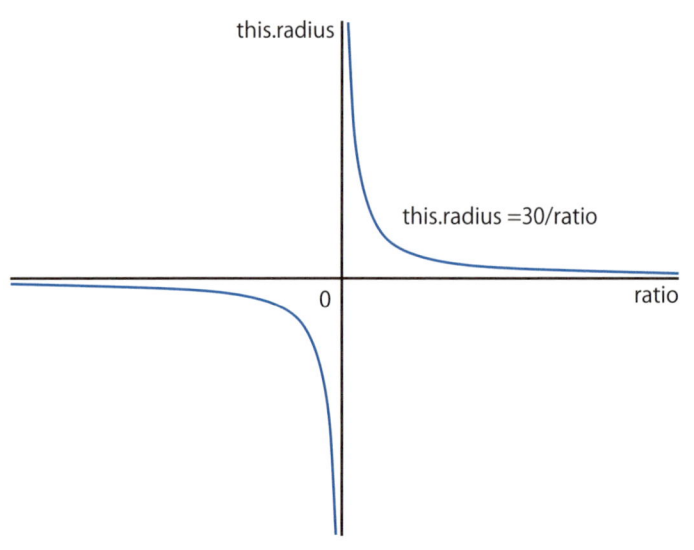

反比例のグラフ

さて、あと少しです。最後の仕上げに点の数を増やしたり減らしたりして、一番いい感じになる値を見つけてみてください。ひとまず100まで増やしてみましょう。

サンプルファイル：chp03-05/08/index.js
```
NUM = 100,
```

微調整の範囲ですが、「this.radius」が大きくなりすぎてしまうと全体が白っぽくなりすぎてしまうように感じたので、300を上限とするようにします。

サンプルファイル：chp03-05/08/index.js
```
if(this.radius > 300) this.radius = 300;
```

これで完成しました！

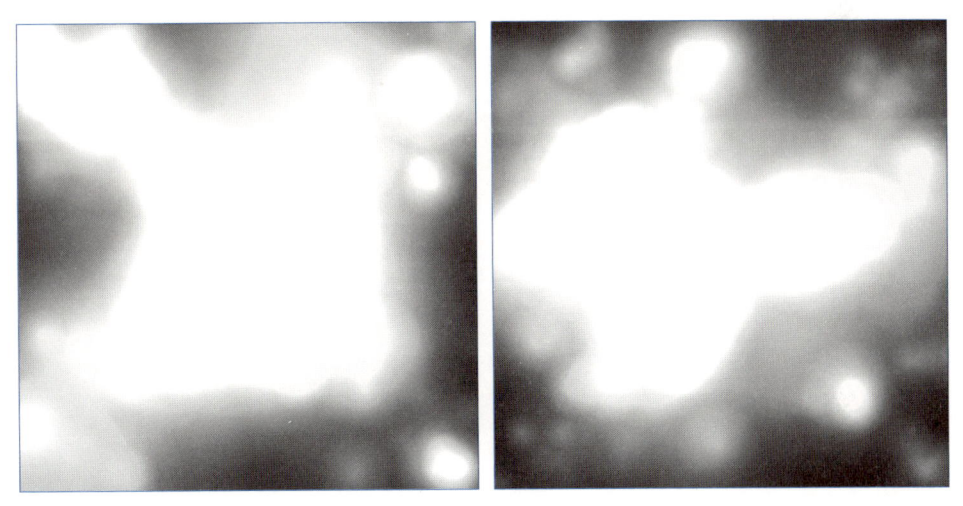

完成したサンプル

まとめ

このChapterでは、グラフィック表現と題して、Canvasを使ったパーティクルシステムを例にとって解説してきました。アニメーションを伴う表現のほとんどは、大まかに次の流れで作ることができます。

- 初期化
- 位置計算
- 描画

ここではその一連を学習しました。今回扱った内容は、Canvasだけでなく、他の要素・分野でも利用できます。例えば、Pinterest風のカードレイアウトも、「位置を計算して動かす」という点では今回の考え方・作り方が応用できるはずです。位置計算のときにマウス

を追いかけるようにしても面白いかもしれませんし、位置に応じた反応を加えてもいいでしょう。ここでは解説しませんでしたが、画像や動画、音なども扱うこともできます。皆さん、いろいろと試してみてください。

COLUMN

いろいろな Canvas API 関連ライブラリ

Section-03 では、Canvas API を直接使ってグラフィックを描画しました。通常はそのやり方で十分ですが、高機能で複雑なものを制作する場合は、ライブラリを使用することも検討しましょう。以下に主な Canvas API 関連ライブラリを挙げています。プロジェクトに適したライブラリを選べば、効率よく開発を進めることができるでしょう。

ライブラリ	説明
CreateJS	CreateJS は各種ライブラリのスイートで、その中の「EaselJS」が Canvas 向けライブラリです。Adobe 製品と親和性が高く、Flash Professional の HTML5 Canvas 書き出し機能には CreateJS が使用されています。日本語での情報も多く、学習しやすいライブラリといえるでしょう。http://www.createjs.com/
Processing.js	ビジュアルプログラミングのためのプロジェクト「Processing」の JavaScript 版です。Processing と同じ記述で開発できるので、すでに Processing を使ったことがある方は、馴染みやすいでしょう。WebGL 描画にも対応しているので、パフォーマンス面で優れています。日本語での情報もありますが、CreateJS ほどではありません。http://processingjs.org/
Three.js	3D のビジュアルに特化したライブラリです。WebGL コンテンツを作成する際には、Three.js が使われることが多いようです。WebGL 特有の冗長な記述を Three.js がラップして、WebGL を扱いやすくしています。公式のスライド（英語 http://davidscottlyons.com/threejs/presentations/frontporch14/#slide-0）に概要がまとまっています。日本語の書籍・入門記事も多くあるので、学習しやすいライブラリといえるでしょう。http://threejs.org/
Paper.js	ベクターベースのグラフィックライブラリで、ビットマップベースのライブラリでは難しかった柔軟な表現を実現できます。公式サイトにはデモが多く用意されていて、雰囲気を掴むことができます。日本語の情報は少なめです。http://paperjs.org/
Two.js	2D のビジュアルに特化したライブラリです。同じ記述で、Canvas、WebGL、SVG、それぞれに描画することができます。日本語情報は少なめです。https://jonobr1.github.io/two.js/

Chapter 04

Ajax・API連携・データ検索

ここからは少しアプリケーション要素を増し、Ajaxを利用したAPI連携とデータ検索について解説します。同時にAjaxについて理解を深めるために必要なPromise／Defferedについても詳しく解説します。

Chapter-04 目標

概要と達成できること

このChpaterでは、「フィルタ・ソート機能付き表コンテンツ」を作成しながら、JavaScriptでデータを操作する方法について解説します。

○ JavaScriptでのデータ操作と、Underscore.js

データ操作の基本は「配列」と「オブジェクト」です。そのため、データ操作においてArrayメソッドは非常に重要となります。しかし、他の言語に比べて、JavaScriptはArrayのビルトインメソッドが非常に少なく、その点において不幸といえます。

例えば、Rubyであれば、配列の中で重複する要素を削除したい場合、次のように記述します。

```
[1, 2, 5, 5, 1, 3, 1, 2, 4, 3].uniq
>>> [1, 2, 5, 3, 4]
```

同じことをJavaScriptで行うには、次のようなコードが必要になります。

```
var uniq = function (array) {
  var obj = {}
    , res = [];
  for (var i = 0, len = array.length; i < len; i++) {
    obj[array[i]] = '';
  }
  for (var k in obj) {
    res.push(k);
  }
  return res;
};

uniq([1, 2, 5, 5, 1, 3, 1, 2, 4, 3]);
>>> ["1", "2", "3", "4", "5"]
```

配列を操作するたびに、このような関数を実装するとなると生産性が落ちてしまいます。しかし、これらを補う「Underscore.js」という便利なライブラリがあります。そこで、ここではUnderscore.jsを用いて解説していきます。詳しい説明や使い方は後述しますので、今はそのようなものがあると覚えておいてください。

◯ データ操作における3つのポイント（取得・検索・表示）

データ操作をする際は、大きく分けて「取得」「検索」「表示」の3つのポイントがあります。

❋ データの取得

まずは取得についてです。現在のWeb制作において、データを扱うような実装をする場合、JavaScriptからAjax経由で取得することが多いです。Ajaxというのは便利な反面、「非同期処理のためにコールバック関数を登録しておく」という手順を踏まなければなりません。この仕組みは、注意を払いながら実装しないと複雑なネスト構造を生み出す原因となり、コードの見通しが悪くなります。

❋ データの検索

次は検索についてです。先ほど説明したとおり、JavaScriptはArray・Objectのビルトインメソッドが少なく、他の言語に比べて、データ操作が冗長になりがちです。データの検索も例に漏れず、Array・Objectの操作が必須となります。簡潔な実装をするためには、データをさばきやすくする関数を用意する必要があります。

また、最近はV8やSpiderMonkeyに代表されるようにJavaScriptエンジンの性能は向上しているものの、それに伴いJavaScriptで実装する領域も増えているので、巨大なデータなどを扱う場合はパフォーマンスに気を付けなくてはいけません。

❋ データの表示

最後に表示についてです。JavaScriptからHTMLを操作するとき、JSファイルにHTMLを書くことがあります。簡易なプログラムを作る場合にはそれでもよいのですが、Webアプリケーションなど、一定以上の規模のJavaScript実装が求められる場合は様々な弊害を引き起こします。この問題を解決するのが「クライアントテンプレート」という仕組みで、のちほど解説します。

以上の3つのポイントに気を付けて、サンプル「フィルタ・ソート機能付き表コンテンツ」を実装していきます。

○ サンプル「フィルタ・ソート機能付き表コンテンツ」の HTML と CSS

このChapterでは、サンプルとして「フィルタ・ソート機能付き表コンテンツ」を作成します。select要素（groupやsortプルダウンメニュー）に入力された値をもとにフィルタやソートを行い、HTMLに表示します。

フィルタ機能：groupプルダウンメニューで値（a〜d）を選ぶと、その値を持つ項目だけが表示される。
ソート機能：sortプルダウンメニューで値（id、name、age、group）を選ぶと、その値を基準にした並びに変更される

このサンプルのHTMLとCSSは以下のとおりです。

サンプルファイル：chp04-00/index.html

```
省略

<div class="form-horizontal">
  <div class="form-group">
    <label for="" class="col-sm-2 control-label">group</label>
    <div class="col-sm-10">
      <select name="filter" class="form-control">
        <option></option>
        <option value="a">a</option>
        <option value="b">b</option>
        <option value="c">c</option>
        <option value="d">d</option>
      </select>
    </div>
  </div>
  <div class="form-group">
    <label for="" class="col-sm-2 control-label">sort</label>
    <div class="col-sm-10">
      <select name="sort" class="form-control">
        <option></option>
        <option value="id">id</option>
        <option value="name">name</option>
        <option value="age">age</option>
        <option value="group">group</option>
      </select>
    </div>
  </div>
</div>

<table class="table table-striped">
  <thead>
    <tr>
      <th>id</th>
      <th>name</th>
      <th>age</th>
      <th>group</th>
    </tr>
  </thead>
  <tbody>
  </tbody>
</table>
```

フィルタ・ソートする際の値を受け取るために、「filter」と「sort」のname属性を持つselect要素を作ります（❶）。そして、データ操作の結果をレンダリングするテーブルを作っておきます（❷）。

Section-01からJavaScriptを使ってデータ操作の処理を実装していきます。

Chapter-04 01 実践 データを取得する

まずは、非同期通信（Ajax）を行う上で役立つ「Promise ／ Deferred」という仕組みを解説します。そして、この仕組みを使って、サンプルのデータ取得を実装してみましょう。

◯ Promise ／ Deferred を使った非同期通信

JavaScriptにおける非同期通信（Ajax）は、昨今のWebアプリケーションの進化を大きく牽引してきたといっても過言ではありません。しかし、その便利さとは裏腹に、非同期通信で受け取ったレスポンスをコールバックで処理するというシステムは時に複雑を極めます。

次のコードは、「asyncFuncA ＞ asyncFuncB ＞ asyncFuncCの順に、前回の非同期通信完了を待ってから実行する」という処理の例です。

```
asyncFuncA(function (a) {
  asyncFuncB(function (b) {
    asyncFuncC(function (c) {
      console.log(c);
    }, function (error) {
      console.log(error);
    });
  }, function (error) {
    console.log(error);
  });
}, function (error) {
  console.log(error);
});
```

かなり複雑にネストになっています。これを解決する糸口になるのが、「Promise」というデザインパターンです。

Promiseとは

Promiseとは並列処理のデザインパターンのことで、「非同期処理を抽象化したオブジェクトを作成し、そのオブジェクトを操作する仕組み」のことを指します。

Promiseの仕様書には、「ECMAScript Language Specification」と「Promises/A+」[1]の2つがあります。現在、Promiseは一部のブラウザのみでサポートされており、どちらかの仕様書にもとづいて実装されています。

また、jQueryも「$.Deferred」という形でPromiseの仕組みを提供しています。ただし、「$.Deferred」はPromise/A+には準拠していません。標準に準拠したものを使いたい場合は、「es6-promise」[2]ライブラリがおすすめです。

---

[1] https://promisesaplus.com/
[2] https://github.com/jakearchibald/es6-promise

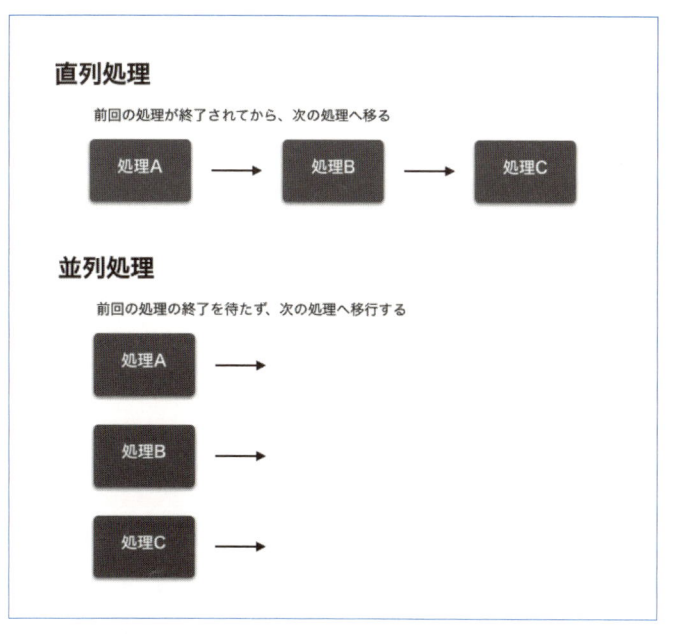

直列処理と並列処理の違い

　ここでは、非同期通信の並列処理化が目的です。そのため、標準仕様には準拠していませんが、最も導入の敷居が低いjQueryの「$.Deferred」を使っていきます。

　それでは、コードで具体例を見てみましょう。「2秒後にAjaxを実行し、consoleで中身を確認する」という処理を書きます。まずは、Deferredを使わない例です。

```
setTimeout(function() {
  $.ajax({
    url: "data.json",
    success: function(res) {
      console.log(res);
    }
  });
}, 2000);
```

　ネストが深くなり、可読性が著しく下がっています。この問題を解決するためにDeferredを使用して再実装します。そのためには、まず「state」という概念を解説しないと理解しづらいと思いますので、先にこの概念を説明します。stateというのは処理の進捗を示すもので、次の3つの状態があります。

- pending（何の処理もされていない状態）
- resolved（正常に処理が完了した状態）
- rejected（処理が失敗した状態）

　この状態が変化することで、thenメソッドで登録した関数が実行されます。これがDeferredのstateという概念です。それでは、再実装後のコードを解説します。

```
var deferred = new $.Deferred();                    ①
setTimeout(function () {
  deferred.resolve();                               ②
}, 2000);
                        ③    ④
deferred.promise().then(function() {
  return $.ajax({                                   ⑤
    url: "data.json"
  });
}).then(function(res) {
  console.log(res);
});
```

まず、Deferredオブジェクトを作成します（①）。次に、コールバック関数を実行したい箇所で、resolveメソッドを実行します（②）。これにより、Deferred stateがresolvedになります。③の「.promise」は、Deferredオブジェクトのサブセットです。resolveやrejectなどのstateを変化をさせるメソッドを排除したオブジェクトを返します。そして、stateがresolvedになったとき、thenメソッドの関数が実行されます（④）。

「$.ajax」は、戻り値が「deferred object」のため、新たにDeferredオブジェクトを作って返す必要はありません（⑤）。コード量は増えましたが、ネストの量は減り可読性が向上しています。

Deferredの大枠を説明したところで、実際のコードでの使いどころ（パターン）を解説します。

コールバックパターン

まずは、最も基本となるコールバックパターンです。次のコードは、「body要素をアニメーションさせて、アニメーション完了後にconsoleを表示する」という処理です。

```
var deferred = new $.Deferred();

$("body").animate({
  marginTop: 100
}, {
  duration: 1000,
  complete: function() {
    deferred.resolve();
  }
});

deferred.promise().then(function() {
  console.log("done");
});
```

このようにコールバックの代わりとして使用します。また、次のように最初に解決済み（処理の待機が完了済み）のプロミスを渡すこともできます。

```
new $.Deferred().resolve().promise().then(function() {
  var deferred = new $.Deferred();
  $("body").animate({
    marginTop: 100
  }, {
    duration: 1000,
    complete: function() {
      deferred.resolve();
    }
  });
  return deferred.promise();
}).then(function() {
  console.log("done");
});
```

状態保持パターン

続いて、状態保持パターンです。次のコードは、「document要素をクリックするたびにconsoleを表示する。ただし、2回目以降は1秒処理を遅らせる」という処理です。

```
var prevState = new $.Deferred().resolve().promise();

function asyncFuncDef() {
  var deferred = new $.Deferred();
  setTimeout(function() {
    deferred.resolve("done");
  }, 1000);
  return deferred.promise();
}

$(document).on("click", function() {
  prevState = prevState.then(function() {
    console.log("done");
    return asyncFuncDef();
  });
});
```

常に変数prevStateに状態を保持していることに注目してください。変数prevStateに状態を保持しておき、その状態がpendingにあれば、resolvedに変化するまで待機します。また、返り値を再度変数prevStateに代入することで、次回以降のクリックイベントでも状態を保持することができます。

可変長非同期通信パターン

最後は可変長非同期通信パターンです。可変長非同期とは、完了したい非同期処理の数が予測不能なことを指します。複数の非同期通信が完了してから、次の処理を行いたい場合に便利です。次のコードは、「全ての画像のロードの完了を待つ」という処理です。Ajaxで取得したHTML内にある画像のロードを待つ場合などに便利です。

```
var deferreds = $("img").map(function(i, el) {
  var deferred = new $.Deferred()
    , img = new Image();
  img.onload = function() {
    return deferred.resolve();
  };
  img.onerror = function() {
    return deferred.resolve();
  };
  img.src = el.src;
  return deferred.promise();
});

$.when.apply($, deferreds).then(function() {
  console.log("done");
});
```

○ データ取得を実装する

それでは、サンプルの作成に入りましょう。はじめに、表示に必要なJSONデータをAjaxで取得する必要があります。Ajaxの完了後にそれ以降の処理を行わないと、正しい結果が得られないため、この部分をDeferredを使って処理します。まずは、Ajaxを使ってデータを取得する部分を実装します。

サンプルファイル：chp04-01/index.js

```
function App(url) {
  var self = this;
  this.fetch(url).then(function(data) {                    ⬅ ❻
    self.data = data;
  }, function(e) {
    console.error("データの取得に失敗しました");
  });
}

App.prototype.fetch = function(url) {
  return $.ajax({
    url: url,
    dataType: "json"
  });
};

new App("data.json");
```

fetchメソッドは「$.ajax」を返却するので、結果として「deferred object」を受け取ります。そのため、thenメソッドを呼び出して処理することができます（❻）。

次のSectionでは、データの検索を実装してみましょう。

Chapter-04
02 実践 データを検索する

まずは、配列を扱う上で役立つライブラリ「Underscore.js」について解説します。そして、Underscore.jsのメソッドを使って、サンプルのデータ検索を実装してみましょう。

◉ Underscore.jsについて

データ検索を実装する前に、まずはUnderscore.jsについて説明します。このChapterのはじめでも触れましたが、他の言語に比べて、JavaScriptはArrayのビルトインメソッドが少ないです。JavaScript 1.8ではmap、filter、reduceなどの関数が実装されたものの、古いブラウザでは使用できない上に、まだまだ簡潔に配列を操作できるとはいいがたい状況です。そこで登場するのが、この足りない機能を補完してくれるライブラリ「Underscore.js」[※3]です。

Underscore.jsは、Jeremy Ashkenas氏が開発しており、map、filter、invokeなどの配列・オブジェクトを操作する関数をはじめ、bindAll、throttle、debounceなど、関数を扱う際に便利な関数が100以上用意されています。また、ビルトインオブジェクトを拡張していないので、プロトタイプ汚染[※4]の心配もありません。それでは、Underscore.jsの代表的なメソッドについて、使用例とともに紹介しましょう。

▣ mapメソッド

mapメソッドは、引数として与えられた関数を各配列要素に対して実行し、その結果から新しい配列を生成します。次のように、複数のオブジェクトが入った配列の中から、あるkeyのvalueを集めたいときなどに便利です。

```
var stooges = [
  {
    name: "curly",
    age: 25
  }, {
    name: "moe",
    age: 21
  }, {
    name: "larry",
    age: 23
  }
];

_.map(stooges, function (e) {
  return e.name;
});

>>> ["curly", "moe", "larry"]
```

※3 Underscore.js http://underscorejs.org/
※4 プロトタイプ汚染とは、もともと搭載されているJavaScriptの機能に変更を加えてしまう行為

filter メソッド

filter メソッドは、引数として与えられた関数を各配列要素に対して実行し、それに合格した全ての配列要素からなる新しい配列を生成します。次のように、受け取ったデータの中で、n 以上または n 以下のものを抽出したいときなどに便利です。

```
_.filter([12, 5, 8, 130, 44], function (e) {
  return e >= 10;
});
>>> [12, 130, 44]
```

また次のように、奇数や偶数のみの要素を抽出したいときにも使えます。

```
_.filter([1, 2, 3, 4, 5, 6], function (num){
  return num % 2 === 0;
});
>>> [2, 4, 6]
```

reduce メソッド

reduce メソッドは、引数として与えられた関数を各配列要素に対して（左から右へ）実行します。その際、直前の配列要素で処理した返り値を受け取ることができます。次のように、配列の全ての和を求めたいときなどに便利です。

```
_.reduce([0, 1, 2, 3], function (prev, current) {
  return prev + current;
});
>>> 6
```

invoke メソッド

invoke メソッドは、配列の各要素に対して引数に指定した関数名を実行します。次のように、配列を sort したいだけなど、目的がはっきりしている場合は簡潔に書けるので便利です。

```
_.invoke([[5, 1, 7], ["Carol", "Alice", "Bob"]], "sort");
>>> [[1, 5, 7], ["Alice", "Bob", "Carol"]]
```

✱ bindAll メソッド

bindAll メソッドは、オブジェクトを関数にバインドします。関数が呼ばれたとき、this が参照する値を object の値にすることができます。次のコードは、click イベントを登録する際に、this の参照する値を object にする例です。

```
var buttonView = {
  label: "underscore",
  onClick: function () {
    alert("clicked: " + this.label);
  },
  onHover: function () {
    console.log("hovering: " + this.label);
  }
};
_.bindAll(buttonView, "onClick", "onHover");

$("#underscore_button").on("click", buttonView.onClick);
>>> clicked: underscore
```

◯ データ検索を実装する

それでは、サンプルの作成に入りましょう。データ検索では、select 要素から受け取った値をもとに、フィルタやソートを行います。まずは、イベントを登録します。

サンプルファイル：chp04-02/index.js

```
function App(url) {
  this.bindEvents();
  var self = this;
  this.fetch(url).then(function(data) {
    self.data = data;
  }, function(e) {
    console.error("データの取得に失敗しました");
  });
}

App.prototype.bindEvents = function() {
  _.bindAll(this, "onChange");                       ──▶ ❶
  $("select").on("change", this.onChange);           ──▶ ❷
};
```

「_.bindAll」を実行して、関数 onChange の this を固定します（❶）。select 要素の change イベントに「this.onChange」を登録します（❷）。

次に、イベントに登録した関数 onChange を実装します。

サンプルファイル：chp04-02/index.js

```
App.prototype.onChange = function(e) {
  var self = this;
  var where = $("select").map(function(i, el) {                    ──→ ❸
    var $el = $(el);
    return function(list) {
      return self[$el.attr("name")](list, $el.val());              ──→ ❹
    };
  });
  var list = _.reduce(where, function(prev, current) {             ──→ ❺
    return current(prev);
  }, this.data.list);
};

App.prototype.sort = function(list, key) {
  if (this.isEmpty(key)) {                                         ──→ ❻
    return list;
  }
  return _.sortBy(list, function(e) {                              ──→ ❼
    return e[key];
  });
};

App.prototype.filter = function(list, value) {
  if (this.isEmpty(value)) {                                       ──→ ❻
    return list;
  }
  return _.filter(list, function(e) {                              ──→ ❽
    return e["group"] === value;
  });
};

App.prototype.isEmpty = function(value) {
  return value === "";
};
```

　mapメソッドを使って「$("select")」から新たなfunctionの配列を作成し（❸）、「this.sort」と「this.filter」に引数を渡して実行します（❹）。そして、「current(Function)」の引数に「prev(Array)」を渡して実行していきます（❺）。なお、最初の「current(Function)」の引数は初期値であるthis.data.listになります。

　sortメソッドとfilterメソッドでは、valueが空文字列であればlistをreturnするようにします（❻）。sortメソッドでは、listをkeyの値でソートした結果をreturnします（❼）。filterメソッドでは、listから「group key」の値がvalueと合致するものを選んでreturnします（❽）。

　これでデータをフィルタやソートできるようになりました。次のSectionでは、データの表示を実装してみましょう。

Chapter-04

03 実践 データを表示する

まずは、データ表示に役立つ「テンプレートエンジン」について解説します。そして、テンプレートエンジンを使って、サンプルのデータ表示を実装してみましょう。

◯ テンプレートエンジンについて

データ表示を実装する前に、まずは「テンプレートエンジン」について説明します。テンプレートエンジンとは、「テンプレートとデータを合体させて文字列を作る仕組み」のことです。JavaScriptでテンプレートエンジンを実現できるライブラリは数多く存在し、「mustache」[※5]が有名ですが、Underscore.jsもテンプレートエンジンを実現できるので、ここではUnderscore.jsを使って解説します。

それでは、コードで具体例を見てみましょう。「objectの値と文字列を結合する」という処理を書きます。まずは、テンプレートエンジンを使わない例です。

```
var data = {
  name: "Alice"
}

var html = '<p>' + data.name + '</p>';
```

このような単純なHTMLを生成する場合であれば、JavaScript内にHTMLを直接書いても大きな問題にはならないかもしれません。しかし、次のような場合はどうでしょうか。

```
var data = {
  name: {
    first: "Steve",
    last: "Jobs"
  },
  age: "RIP"
};

var html = '<div class="profile">' +
             '<div class="name">' +
               '<p class="first">' + data.name.first + '</p>' +
               '<p class="last">' + data.name.last + '</p>' +
             '</div>' +
             '<p class="age">' + data.age + '</p>' +
           '</div>';
```

可読性が低いだけでなく、HTMLに変更が入った場合は文字列をクォートで囲み直さなければなりません。メンテナブルとはいいがたい状態であり、後任者はこのファイルの編集を嫌がるでしょう。この問題を解決するために、テンプレートエンジンを使って同じものを実装してみます。

※5 mustache http://mustache.github.io/

文字列を使ったテンプレート

まずは、文字列を使ったテンプレートの実装方法です。先ほどのHTMLを抜き出して、JavaScript内でテンプレート化します（❶）。ライブラリによって記法は異なりますが、基本的には「delimiter」という独自タグで囲むことで、JavaScriptの変数がそのまま展開されます。Underscore.jsの場合は、変数展開したい部分を「<%= %>」で囲みます。そして、templeteメソッドを使用し、HTMLをテンプレート化します（❷）。

テンプレート化することによって、HTMLタグとコンテンツを分ける必要がなくなるので、それぞれをクォートで囲う必要はありません。

```
var html = '<div class="profile">                     ⎫
              <div class="name">                      ⎪
                <p class="first"><%= name.first %></p>⎬ → ❶
                <p class="last"><%= name.last %></p>  ⎪
              </div>                                  ⎪
              <p class="age"><%= age %></p>           ⎪
            </div>';                                  ⎭

var data = {
  name: {
    first: "Steve",
    last: "Jobs"
  },
  age: "RIP"
};

var compiled = _.template(html);  ←──────────────────── ❷
compiled(data);
>>>   <div class="profile">
>>>     <div class="name">
>>>       <p class="first">Steve</p>
>>>       <p class="last">Jobs</p>
>>>     </div>
>>>     <p class="age">RIP</p>
>>>   </div>
```

それぞれのHTMLタグをクォートで囲む必要がない分、先ほどよりはメンテナブルなコードとなりました。しかし、まだ編集しやすいとはいえません。DOMを使ったコードに書き換えてみましょう。

DOMを使ったテンプレート

先ほどのテンプレート部分を抜き出してHTML部分に書き込みます。このHTMLを「クライアントテンプレート」と呼びます。このとき注意すべきことは、テンプレート部分をscript要素で囲むということです（❷）。ブラウザはscript要素をレンダリングせず、「text/javascript」でない限り、script要素の内容をJavaScriptとしてパースすることはないからです。

```html
<script type="text/template" id="template">
  <div class="profile">
    <div class="name">
      <p class="first"><%= name.first %></p>
      <p class="last"><%= name.last %></p>
    </div>
    <p class="age"><%= age %></p>
  </div>
</script>
```

❷

```javascript
var data = {
  name: {
    first: "Steve",
    last: "Jobs"
  },
  age: "RIP"
};

var compiled = _.template(html);
compiled(data);
>>>   <div class="profile">
>>>     <div class="name">
>>>       <p class="first">Steve</p>
>>>       <p class="last">Jobs</p>
>>>     </div>
>>>     <p class="age">RIP</p>
>>>   </div>
```

　いかがでしょうか。先ほどと比べて、コードの見通しが遥かによくなりました。また、ただ可読性が高くなっただけでなく、HTMLとJavaScriptが疎結合になることによって、よりメンテナブルなコードになりました。これにより、それぞれが独立して作業しやすくなるというメリットも生まれます。

　さらに、クライアントテンプレートはループにも対応しており（❹）、次のようなこともできます。

```html
<script type="text/template" id="template">
  <ul>
    <% _.each(data.member, function (e, i) { %>
      <li><%= e %></li>
    <% }); %>
  </ul>
</script>
```

❹

```javascript
var data = {
  member: [
    "Alice",
    "Bob"
  ]
};

var compiled = _.template($("#template").html());
compiled(data);
>>> <ul>
>>>     <li>Alice</li>
>>>     <li>Bob</li>
>>> </ul>
```

○ データ表示を実装する

それでは、サンプルの作成に入りましょう。HTMLに記述したテンプレートと、JavaScriptで取得・操作したデータを組み合わせて、データ表示部分を実装します。

サンプルファイル：chp04-03/index.html

```html
<script type="text/template" data-template="item">
  <% _.each(list, function (e, i) { %>
    <tr>
      <th><%= e.id %></th>
      <td><%= e.name %></td>
      <td><%= e.age %></td>
      <td><%= e.group %></td>
    </tr>
  <% }); %>
</script>
```
❺

DOMを使ったテンプレートで、ループを使って表コンテンツ部分を作ります（❺）。忘れずにscript要素で囲みましょう。

サンプルファイル：chp04-03/index.js

```javascript
function App(url) {
  this.template = _.template($('[data-template="item"]').html());
  this.bindEvents();
  var self = this;
  this.fetch(url).then(function(data) {
    self.data = data;
    self.render(self.data.list);
  }, function(e) {
    console.error("データの取得に失敗しました");
  });
}
```
❻
❼

省略

```
App.prototype.render = function(data) {
  var html = this.template({
    list: data
  });
  $(".table tbody").html(html);
};
```
⑧

　objectを渡すとHTMLを返すfunctionをメンバに追加します（❻）。そして、初期表示のために、Ajax通信が終了したらrenderメソッドを実行します（❼）。renderメソッドにより、this.templateメソッドにデータを渡して実行されたHTMLが、$(".table tbody")に表示されます（❽）。
　以上で、「フィルタ・ソート機能付き表コンテンツ」の完成です。

完成した「フィルタ・ソート機能付き表コンテンツ」

◯ まとめ

　このChapterでは、非同期通信の扱い方・データ操作・テンプレートエンジンについて学びました。今回のサンプルでは、これらを全て盛り込みましたが、単体でも非常に使用頻度の高い技術です。学習した基礎部分をマスターしたら、様々なPromiseライブラリや、テンプレートエンジンを試してみることをおすすめします。

　昨今、バックエンドをWeb API化し、フロントをJavaScriptで表示するという実装がされているサービスが増えています。そういった実装をする場合にも大きく関わる部分ですので、ぜひ理解を深めてください。

　なお、Underscore.jsには、ネイティブオブジェクトを拡張しなくて済むというメリットがある反面、その記法に沿ってコーディングしなければならないという制約があります。そのような制約は、時に開発効率を下げることがあります。開発チーム内でコーディングルールを決められる場合は、es6-shim（https://github.com/paulmillr/es6-shim/）のようなPolyfillを取り入れて、将来的にJavaScriptで標準的に使えるようになる機能を先取りしてみるのもいいでしょう。

Chapter 05

シングルページアプリケーション

ここまでの復習をしつつ今最もJavaScriptを取り巻く環境の中で注目度の高いシングルページアプリケーション（SPA）の実装について解説します。

Chapter-05 目標

概要と達成できること

このChpaterでは、シングルページアプリケーションに必要な技術について解説し、簡単なシングルページアプリケーションを一から実装してみます。これらを通して、非同期なデータ読み込み・画面遷移・処理の管理ができるようになることを目指します。

○ シングルページアプリケーションとは

従来のWebサイト・Webアプリケーションでは、ページを表示する際は、ページ全体を同期的にロードしていました。「シングルページアプリケーション（以下、SPA）」とは、1つのページで構成され、そのページのコンテンツを非同期かつ部分的に変更することで、レスポンスの高速化や、使い勝手を向上させようとするものです。こうしたSPAの技術は、HTML5のオフライン機能と組み合わせて用いられたり、ネイティブアプリ内のWebViewでも使用されることもあり、今後ますます重要になっていくでしょう。

SPA用ライブラリの登場

SPAの需要が高くなるにつれてその構築を効率化しようと、Angular.js[1]やBackbone.js[2]など、多くのJavaScriptライブラリが登場してきました。これらのライブラリは、MVC（Model-View-Controller）やMVVM（Model-View-ViewModel）などと呼ばれるパターンにもとづいて設計されており、複雑な処理の記述をルール化することで、SPAを構築しやすいようにしています。そのためライブラリを使えば、開発効率が向上する、保守が容易になる、などのメリットがあります。

しかし、本書ではSPAの基礎の理解を深めることを目的としているため、これらのライブラリは使用しません。作成するサンプルは、業務用の巨大なアプリケーションではなく、数〜十ページ程度のコンテンツからなるシンプルなSPAを想定しています。

なお、ここで実装するのは、上記ライブラリ内の「ルーター」と呼ばれる部分に相当するもので、このルーターを一部拡張し、アニメーションなどの表現を加えやすい形で実装します。

SPAに必要な技術要素

○同期的な画面遷移をしない

SPAは「シングルページ」という名前からわかるように、最初にロードされてからは、原則として同期的なページのロードは行いません。非同期にサーバなどから取得したデータをもとにDOMを生成し、部分的にコンテンツを差し替えます。例えば、ナビゲーションメニューなどの共通部分は再描画されません。これにより、ページ全体をロードするよりもずっと少ない通信量で済みます。また、部分的に表示が更新されるので、描画による処理

---

[1] Angular.js　https://angularjs.org
[2] Backbone.js　http://backbonejs.org

負荷も軽減されます。

●表現力、スムーズな操作性

コンテンツを移動する際にページ全体を更新する必要がないため、コンテンツの切り替え時にアニメーションを付けたり、通信が発生するときはローディングアイコンを表示したりするなど、表現や操作性を考慮した処理を加えることができます。

●非同期の処理

JavaScriptで非同期にページのコンテンツを取得・生成する必要があります。外部リソースの読み込み待ち、アニメーションの終了待ちなど、たくさんの非同期な状態の管理が必要になります。これらを簡潔に記述、管理、把握できる設計になるよう配慮しましょう。

●URLのハンドリング

通常のWebサイトであれば、URLと表示するコンテンツの関連付け、コンテンツの表示ハンドリングなどといった処理は、ブラウザが受け持ってくれます。しかし、SPAではこうした処理をJavaScriptを使って自分で実装しなければなりません。

○ サンプル「SPA」のHTMLとCSS

このChapterでは、サンプルとして「SPA」を作成します。コンテンツの中央にある「next page」リンクをクリックすると、アニメーション付きでコンテンツが切り替わります。その際、URLも変わります。ページ全体が更新されることなく、コンテンツ部分だけが切り替わっているのを確認してください。ブラウザの戻る・進むボタンを押してみましょう。アニメーション付きでコンテンツが更新されます。

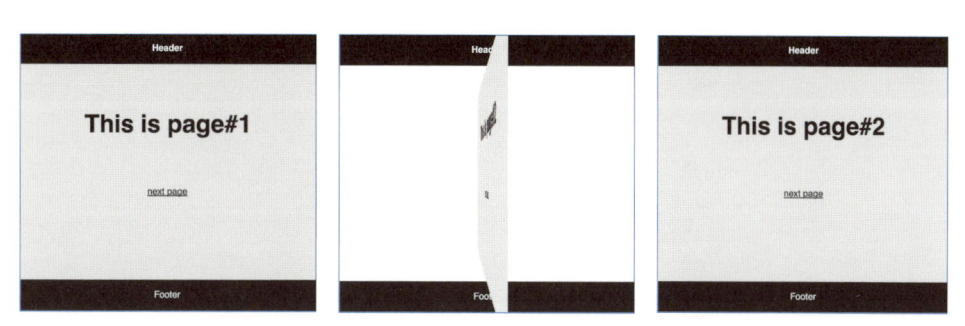

「next page」リンクをクリックすると、コンテンツ部分だけがフリップアニメーションで切り替わる。コンテンツが切り替わると、URLも「〜index.html#1」から「〜index.html#2」のように変わる

このサンプルのHTMLとCSSは次のとおりです。

サンプルファイル：chp05-00/index.html

```html
<!DOCTYPE html>
<html lang="en">
  <head>
    <meta charset="UTF-8">
    <title>SPA</title>
    <link rel="stylesheet" href="index.css">
  </head>
  <body>
    <header>
      <h1>Header</h1>
    </header>
    <article>
      <section data-role="page" class="page page1">　　　　❶
        <div class="inner">
          <h1>This is page#1</h1>
          <a href="#2">next page</a>
        </div>
      </section>
      <section data-role="page" class="page page2">　　　　❶
        <div class="inner">
          <h1>This is page#2</h1>
          <a href="#3">next page</a>
        </div>
      </section>
      <section data-role="page" class="page page3">　　　　❶
        <div class="inner">
          <h1>This is page#3</h1>
          <a href="#4">next page</a>
        </div>
      </section>
      <section data-role="page" class="page page4">　　　　❶
        <div class="inner">
          <h1>This is page#4</h1>
          <a href="#1">next page</a>
        </div>
      </section>
    </article>
    <footer>
      <p>Footer</p>
    </footer>
    <script src="https://code.jquery.com/jquery-2.1.3.min.js"></script>
    <script src="./index.js"></script>
  </body>
</html>
```

　　各section要素が1ページ分のコンテンツだと思ってください（❶）。このHTMLでは、section要素が4つ、つまり4ページ分のコンテンツがあります。後々、このsection要素部分は非同期に生成されるように発展させていきますが、最初はHTML内に記述しておきます。

CSSは、簡単なスタイルのリセットと、シンプルなレイアウトになっています。

```css
サンプルファイル：chp05-00/index.css
* {
  border: 0;
  font-size: 100%;
  margin: 0;
  padding: 0;
}

body {
  background: #fff;
  color: #000;
  font-size: 30px;
  font-family: Helvetica, ➡
YuGothic, '游ゴシック', sans-serif;
  line-height: 1;
}

header,
footer {
  background: #000;
  color: #fff;
  line-height: 100px;
  text-align: center;
}

.page .inner h1 {
  font-size: 80px;
  padding: 2em;
}

.page {
  background: #f2f2f2;
  height: 700px;
  text-align: center;
}

.page2 {
  background-color: #dfd;
}
.page3 {
  background-color: #ccf;
}
.page4 {
  background-color: #fbb;
}
```

Section-01からJavaScriptを使ってSPAに必要な処理を実装していきます。

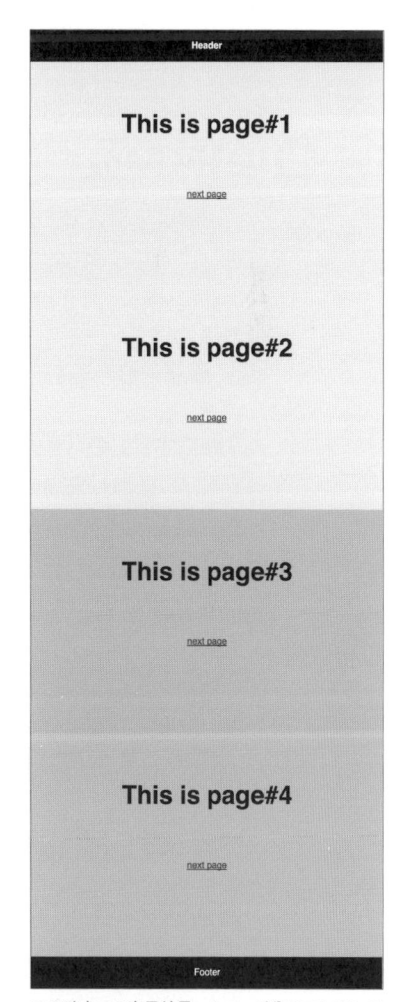

この時点での表示結果。4ページ分のコンテンツが縦に並んだ状態になっている

Chapter-05 01 実践 コンテンツを切り替える（URLのハンドリング）

まずは、URL（ハッシュ）に応じてコンテンツが切り替わるようにしてみましょう。

SPAに必要な技術要素として、次の項目を挙げました。

- 表現力、スムーズな操作性
- 非同期の処理
- URLのハンドリング

ここでは「URLのハンドリング」について解説します。通常、同じURLにアクセスしているのに、見るたびにコンテンツ内容が変わってしまう、というページはありませんよね。見たい情報が見られなくなってしまうのは問題です。そのため、ページのコンテンツとURLは、常に1対1で対応している必要があります。

ここでは、hashchangeイベントを使って、URLを扱う（ハンドリングする）ことにします。

hashchangeイベントを使う

hashchangeは、直訳すると「ハッシュが変わった」ということです。このハッシュというのは、ページ内リンクなどで使われているので、皆さんも知っているでしょう。サンプルのindex.html内でa要素は、次のような記述になっています。

```
<a href="#1">next page</a>
```

「href="#1"」の「#1」の部分がハッシュです。このリンクをクリックすると、もともとのURLが「http://example.com/index.html」だったとすると、URLに#1が追加されて「http://example.com/index.html#1」に変わります。このようにハッシュが追加・変更されたタイミングで発生するイベントが、hashchangeイベントです。

hashchangeイベントを試してみましょう。index.jsに次のコードを追加します。

サンプルファイル：chp05-01/01/index.js

```
function urlChangeHandler(){
    alert( location.hash );                              ❷
}

$(window).on("hashchange", urlChangeHandler);            ❶
```

jQueryを使って、windowオブジェクトのhashchangeイベントリスナーに、関数urlChangeHandlerを登録します（❶）。そして、ハッシュ値をlocation.hashプロパティから取り出し、アラート表示します（❷）。

ブラウザで確認してみましょう。「next page」リンクをクリックするごとに、変更されたハッシュ値がアラート表示されます。

上記コードの実行結果。ハッシュ名がアラート表示される

○ URL（ハッシュ）に応じてコンテンツを切り替える

❋ コンテンツを非表示にする

ここまでで、ハッシュが変更されたタイミングで、関数urlChangeHandlerを呼び出すところまで実装できています。さらに、ハッシュの値に応じて表示を切り替えるようにしてみましょう。

まずは、初期化とスタートポイントになる関数initを定義し、その関数内でsection要素をDOMから外して非表示にします。

```
var $pages;                                              ❻
function init() {
  $pages = $("[data-role='page']").detach();             ❸
  $(window).on("hashchange", urlChangeHandler);          ❹
}

init();                                                  ❺
```

detachメソッドでdata-role属性がpageになっている要素をDOMから外し、変数$pagesに代入します（❸）。先ほどのhashchangeイベントへのリスナー追加処理も関数initに入れてしまいましょう（❹）。そして、関数initを実行します（❺）。ブラウザを再読み込みしてください。コンテンツ（section要素）が全て消えているはずです。

ここで変数$pagesが、関数initの外で定義されていることに注目してください（❻）。変数のスコープ（有効範囲）は、var宣言を内包するfunctionブロックのみで有効です。変数

117

$pagesは、関数urlChangeHandlerでも使うことになるので、双方で利用できるよう、関数外で変数宣言しているのです。

◆ 変数スコープを調整する

実はこの記述には大きな懸念があります。変数$pagesはfunctionブロックに属さないため、windowオブジェクトのプロパティになってしまいます。つまり、もしこのページに読み込まれているJavaScriptが他にもあるとすると、それらのJavaScriptからも変数$pagesを参照・変更・削除することができてしまうことになります。特に$pagesのような汎用的な名前の場合、上書き変更されてしまう危険性が高いでしょう。

これを回避するにはどうしたらいいでしょうか。Chapter-01の変数のスコープ（有効範囲）の説明を思い出してください。変数は「その宣言を内包するfunctionブロックでのみ有効」です。つまり、全体を関数で囲んでしまえばいいのです。

```javascript
;(function(){

  var $pages;

  function urlChangeHandler(){
      alert( location.hash );
  }

  function init() {
    $pages = $("[data-role='page']").detach();
    $(window).on("hashchange", urlChangeHandler);
  }

  init();

})();   ❼
```

関数は、呼び出されるまで処理されません。そこで、❼ですぐに実行するようにしています。この手法は、実行時の影響範囲を限定する方法として広く使われています。おまじないとして覚えておくといいでしょう。

◆ ハッシュに対応するコンテンツを表示する

ハッシュに対応するコンテンツを表示する部分を実装していきましょう。

```javascript
;(function(){

  var $pages;

  function urlChangeHandler(){
    var pageid = parseUrl( location.hash );   ❽

    $pages.filter(".page"+pageid).appendTo("article");   ❿
```

```
    }
    function parseUrl(url) {
      return url.slice(1);
    }                                              ❾

    function init() {
      $pages = $("[data-role='page']").detach();
      $(window).on("hashchange", urlChangeHandler);
    }

    init();

})();
```

　現在のハッシュを関数parseUrlに渡します（❽）。関数parseUrlでは、渡された文字列から先頭1文字を削除して返し、結果を変数pageidに代入します（❾）。そして、filterメソッドでpageidに対応する要素（コンテンツ）を見つけ、appendToメソッドでDOM（article要素内）に追加します（❿）。

　関数parseUrlを新しく定義しました。この関数は、文字（現時点ではハッシュ値）を受け取り、1文字目の「#」を削除して返します。このくらいの処理であれば、関数urlChangeHandler内に記述してもよいかもしれませんが、できるだけ機能ごとに関数を分けていくようにしましょう。そうすることで、コードの見通しがよくなり、機能追加・変更などに柔軟に対応できるようになります。

　ブラウザで確認してみると、何もコンテンツが表示されません。なぜでしょうか？　原因は、ページが読み込まれたときには、hashchangeイベントが発生しないためです。解決するには、強制的にhashchangeイベントを発生させるようにします。

サンプルファイル：chp05-01/02/index.js
```
$(window)
  .on("hashchange", urlChangeHandler)
  .trigger("hashchange");                          ⓫
```

　hashchangeイベントのリスナー登録部分に、「.trigger("hashchange")」と追加しました（⓫）。これでhashchangeイベントが発生するようになります。ブラウザで確認してみましょう。今度は、全部のコンテンツが表示されてしまっています。原因は、最初の読み込み時にはハッシュ値が空になり、pageidが空文字列になるためです。つまり、「.filter(".page"+pageid)」が「.filter(".page")」となり、セレクタ.pageにマッチする要素が全て表示されてしまうのです。

　ハッシュ値が空のときは、最初のページを表示することにしましょう。空文字列が渡されたら1を返すように関数parseUrlを変更します（⓬）。

```
サンプルファイル：chp05-01/02/index.js
function parseUrl(url) {
    return url.slice(1) || 1;                                    ⑫
}
```

ブラウザで確認してみると、無事に1ページ目が表示されました。「next page」リンクをクリックしてみましょう。おかしいですね、どんどんコンテンツが下に追加されてしまいます。原因は、関数 urlChangeHandler 内で、要素（コンテンツ）を追加する処理はあるものの、一度表示した要素を削除する処理がないためです。

初期化のときに関数 init 内で行ったように（❸）、関数 urlChangeHandler 内でもDOMから外す処理を加えます。わかりやすいように改行も入れます。

```
サンプルファイル：chp05-1/02/index.js
$pages
    .detach()                                                    ⑬
    .filter(".page"+pageid)                                      ⑭
    .appendTo("article");                                        ⑮
```

一度、配列 $pages 内の要素を DOM から外し（⑬）、表示する要素を見つけ（⑭）、article 要素に追加します（⑮）。ブラウザで確認してみましょう。「next page」リンクをクリックすると、コンテンツが切り替わっていますね。

上記コードの実行結果。「next page」リンクをクリックすると、コンテンツが切り替わる

次のSectionでは、コンテンツの切り替えのときにアニメーションを付けてみましょう。

Chapter-05 02 実践 コンテンツ切り替え時にアニメーションを付ける

URL（ハッシュ）に応じてコンテンツを切り替えるようにできたところで、切り替え時にアニメーションを付けてみましょう。JavaScript・CSS Transitions・CSS Animations、それぞれの技術を使ったアニメーションの実装方法について解説します。

○ アニメーションを付ける方法

ここまでで、URL（現時点ではハッシュ）の変更に応じて、コンテンツを切り替えることができるようになりました。しかし、ただコンテンツが切り替わるだけだと、ユーザーにはどこが変わったのか気づいてもらえないこともあります。そこで、切り替え時にアニメーションを付けることで、コンテンツが切り替わったことがより伝わるようにしたいと思います。

ここでは、アニメーションを実装するための技術として、次の3つを紹介します。どれも適切に実装されていれば、性能差はほとんどありません。

アニメーションを実装する技術とそのメリット

JavaScript	アニメーションの詳細な調整ができる
CSS Transitions、CSS Animations	アニメーションの内容をCSSで記述し、class属性の付け外しで、要素にアニメーションを付ける。そのため、アニメーションの実装をJavaScriptから切り離すことができる

ここでいうJavaScriptの「詳細な調整」というのは、マウスに追従させたり、アニメーション中に動きを変えるなどのことを指しています。そうした場合にはJavaScriptを使いましょう。

CSS Transitions・CSS Animationsでは、class名などにアニメーションを設定することになり、アニメーションの実装とJavaScriptのコードを切り離すことができます。つまり、「アニメーションの実装」と「コンテンツ遷移の制御」との繋がりが弱くなり、動き方を変更したり、他の部分で再利用することが容易になります。単純なアニメーションの場合にはCSS3を使うといいでしょう。

次からは、JavaScript・CSS Transitions・CSS Animations、それぞれの技術を使ったアニメーションの実装方法について解説します。コンテンツの切り替え時にフェードインやフェードアウトのアニメーションを付けてみましょう。

○ JavaScriptでアニメーションを付ける

✦ コンテンツ表示時にフェードインさせる

まずは、JavaScriptを使ってアニメーションを付けてみましょう。ここでは、jQueryに用意されているメソッドを使います。fadeInメソッドを使えば、簡単にフェードインさせることができます。第1引数には所要時間をミリ秒で指定しますが、省略した場合は800ミリ秒となります。ここでは1500ミリ秒にしてみます。

121

```
function urlChangeHandler(){
  var pageid = parseUrl( location.hash );

  $pages
    .hide()                          ❶
    .detach()
    .filter(".page"+pageid)
    .appendTo("article")
    .fadeIn(1500);                   ❷
}
```

配列$pagesに入っている要素をhideメソッドで非表示にします（❶）。そして、要素を追加する際に、fadeInメソッドでフェードインさせます（❷）。フェードインさせるときのために、detachメソッドでDOMから外す前に、hideメソッドで要素を非表示、つまり「display: none;」にしています。これを指定しないと、要素は「display: block;」のままになってしまい、fadeInメソッドの効果がわからなくなってしまいます。

jQueryには、アニメーション関連のメソッドが他にも多く用意されています。次に挙げるのはその一部です。❷の部分を入れ替えていろいろ試してみてください。

jQueryの主なアニメーション関連メソッド

fadeIn()	透明な状態から徐々に表示する（フェードイン）
fadeOut()	徐々に透明にして非表示にする（フェードアウト）
fadeToggle()	非表示だったらフェードイン、表示されていたらフェードアウトする
slideDown()	上から下にスライドしながら表示する
slideUp()	下から上にスライドしながら非表示にする
slideToggle()	fadeToggle()のスライド版

コンテンツ非表示時にフェードアウトさせる

コンテンツを表示するときにフェードインするようにできました。コンテンツを非表示にするときにも何か効果を付けたいですね。fadeOutメソッドを使ってフェードアウトさせてみましょう。

```
$pages
  .fadeOut(400)                    ❸
  .hide()
  .detach()
  .filter(".page"+pageid)
  .appendTo("article")
  .fadeIn(1500);
```

fadeOutメソッドで要素をフェードアウトさせます（❸）。ブラウザで確認してみると、動作が変わりません。これは、fadeOut()させた後すぐにhide()しているので、フェードアウトの効果が見える前に、要素が非表示にされてしまっているためです。

これを解決するには、fadeOut()が完了してからhide()すればよさそうです。Chapter-04

で使った Deferred をここでも使うことができます。fadeOut() の後に promise() とすると Deferred オブジェクトが返ってくるので、これを利用してみましょう。

```
$pages
    .fadeOut(400)
    .promise()                                          ④
    .then(function(){                                   ⑤
        $pages.hide()                                   ⑥
            .detach()
            .filter(".page"+pageid)
            .appendTo("article")
            .fadeIn(1500);
    });
```

promise() で Deferred オブジェクトを返してもらい（④）、then メソッドで fadeOut() の完了時の処理を登録します（⑤）。そして、fadeOut() が完了したタイミングで、hide() するようにします（⑥）。

ブラウザで確認してみましょう。うまく動作するはずです。しかし、最後にもう一つだけ手直ししたいと思います。実は、次の部分にちょっと問題があります。

```
$pages
    .fadeOut(400)
    .promise()
    省略
```

$pages には複数の要素が入っています。これに対して fadeOut() としてしまうと、それらの要素全てに対して fadeOut メソッドが呼び出されてしまいます。これは無駄なので、処理が必要な要素だけ処理するようにしましょう。

サンプルファイル：chp05-02/01/index.js

```
$pages
    .filter(":visible")                                 ⑦
    .fadeOut(400)
    .promise()
    省略
```

filter メソッドで DOM 内に存在し、表示されている要素を抽出し（⑦）、それから fadeOut() するようにします。念のためブラウザで確認してみましょう。

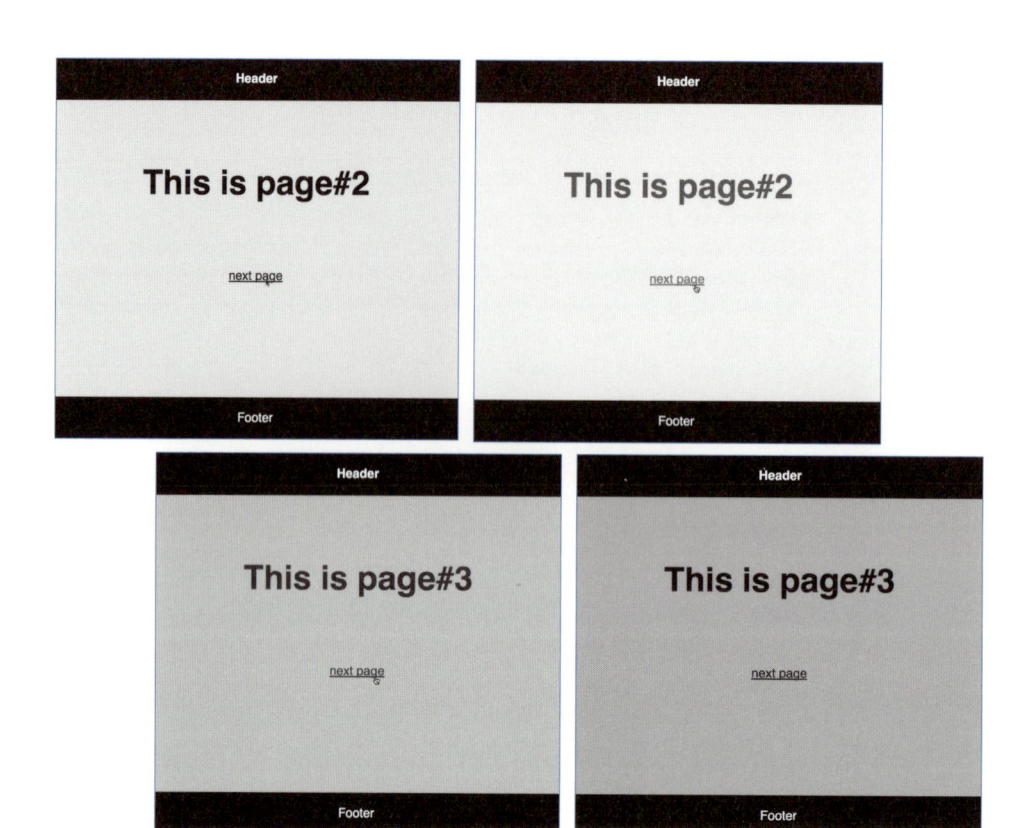

上記コードの実行結果。コンテンツがフェードイン／フェードアウトしながら切り替わる

◯ CSS Transitions・CSS Animations で アニメーションを付ける

　JavaScript でやったことは、CSS Transitions・CSS Animations を使っても同じことができます。まず、CSS で任意の class 名に transition プロパティや animation プロパティを使ってアニメーションの内容を定義します。そして、JavaScript を使って、要素にその class 名を追加したり削除したりすることで、アニメーションを制御することになります。まずは、コンテンツ表示時のフェードインから実装してみましょう。

❁ CSS Transitions を使う

　CSS で、transition プロパティを使ってフェードインのアニメーション内容を定義します。

サンプルファイル：chp05-02/02/index.css

```css
.page {
  background: #f2f2f2;
  height: 700px;
  text-align: center;
  opacity: 0;                ❽
  transition: opacity 1.5s;  ❾
}
.page.page-enter {
```

```
    opacity: 1;                                                         ⑩
}
```

　class名「page」を持つ要素の透明度を0にし（⑧）、transitionプロパティで透明度が1.5秒かけて変化するように設定します（⑨）。そして、class名「page-enter」では透明度を1に設定します（⑩）。

　JavaScriptを使ってこのclass名「page-enter」をアニメーション対象の要素に追加することで、アニメーションするようになります。JavaScriptは次のようになります。

```
$pages
  .detach()
  .removeClass("page-enter")                                            ⑪
  .filter(".page"+pageid)
  .appendTo("article");
  .addClass("page-enter");                                              ⑫
```

　JavaScriptでアニメーションを付けた際はhideメソッドを使っていましたが、その代わりに、removeClassメソッドでclass名「page-enter」を削除することで非表示にします（⑪）。そして、addClassメソッドでDOMに追加された要素にclass名「page-enter」を追加します（⑫）。

　ブラウザで確認してみると、アニメーションしません。これを解決するには、次のようにします。

サンプルファイル：chp05-02/02/index.js
```
var $page = $pages                                                      ⑬
  .detach()
  .removeClass("page-enter")
  .filter(".page"+pageid)
  .appendTo("article");

setTimeout(function(){
  $page.addClass("page-enter");                                         ⑭
}, 0);
```

　表示する要素を変数$pageに入れておきます（⑬）。そして、setTimeoutメソッドを使って、1回画面更新が行われるのを待ってから、対象の要素にclass名「page-enter」を追加します（⑭）。

　ブラウザで確認してみると、アニメーションしていますね。なぜ最初の書き方で動かなかったのでしょうか。最初の書き方では、一度の描画サイクルの中で、DOMに要素を追加し、class名を追加していました。そうすると、ブラウザは処理を最適化し、最初からclass名「page-enter」が追加されている状態で描画します。当然、アニメーションは発生しません。

　そのため、1回画面が描画されるのを待つ必要があります。class名「page-enter」が追加されていない状態で画面を一度描画させ、次の描画タイミングで、class名「page-enter」を追加します。すると、opacityプロパティが0から1に変化するため、CSS Transitionsが働きます。

CSS Animations を使う

CSS Animations も試してみましょう。次のように、animation プロパティを使ってフェードインのアニメーション内容を定義します。

サンプルファイル：chp05-02/03/index.css

```css
.page {
  background: #f2f2f2;
  height: 700px;
  text-align: center;
}

.page.page-enter {
  -webkit-animation: fadein 1.5s ease-out;   ← ⑮
}

@-webkit-keyframes fadein {
  0% {
    opacity: 0;
  }
  100% {                                      ← ⑯
    opacity: 1;
  }
}
```

class名「page-enter」では、animation プロパティを使って、アニメーションfadein を1.5秒かけて変化するよう指定します（⑮）。@keyframes プロパティを使って、アニメーションfadeinの内容を設定します。フェードインなので、始点（0%）は透明、終点（100%）は不透明とします。

CSS Animationsを使うと、始点と終点の他に、中間点での値を複数設定できます。記述は長くなりがちですが、始まりの値を設定できる分、CSS Transitionsより扱いやすい面もあります。特に今回の場合、先ほど描画タイミングの問題を解決するために行った対策も不要になるというメリットがあります。

JavaScriptを整理してみましょう。CSS Transitionsのときに用意した変数やsetTimeoutメソッドは不要です。メソッドチェーンに繋げるだけです。

サンプルファイル：chp05-02/03/index.js

```js
$pages
  .detach()
  .removeClass("page-enter")
  .filter(".page"+pageid)
  .appendTo("article")
  .addClass("page-enter");
```

シンプルになりました。動きに関しては、CSS TransitionsよりもCSS Animationsを採用することにしましょう。

animationEnd イベントを使ってコンテンツ非表示時にフェードアウトさせる

さらにCSS Animationsで、コンテンツ非表示のときのフェードアウトを実装してみましょう。アニメーションは、コンテンツのフェードアウトが終了してから、次のコンテンのフェードインが始まる、という流れです。このように、CSS TransitionsやCSS Animationsでアニメーションの終わりを扱うには、animationEnd イベントを使います。なお、ChromeでanimationEnd イベントを使用するにはベンダープレフィックスが必要で、「webkitAnimationEnd」と記述します。

先ほどのサンプルにanimationEnd イベントを使ってみましょう。コンテンツをフェードインで表示した後に、アラートを表示させてみます。

サンプルファイル：chp05-02/04/index.js

```
$pages
    .detach()
    .removeClass("page-enter")
    .filter(".page"+pageid)
    .appendTo("article")
    .addClass("page-enter")
    .on("webkitAnimationEnd", function(){    ❶
        alert("animationEnd");               ❷
    }, false);
```

webkitAnimationEnd イベントにリスナーを登録し（❶）、webkitAnimationEnd イベントが発生したらアラートを表示します（❷）。

ブラウザで確認してみましょう。コンテンツのフェードインが終了したタイミングでアラート表示が出ましたね。

上記コードの実行結果。コンテンツのフェードインが終了したタイミングでアラート表示が出る

animationEndイベントを使って、フェードアウトからフェードインに繋がる処理を作りましょう。まずは、CSSです。animationプロパティを使って、フェードアウトのアニメーション内容を定義します。フェードアウトさせるのは、フェードインの逆なので、次のようになります。

サンプルファイル：chp05-02/05/index.css

```css
.page.page-leave {
  -webkit-animation: fadeout 0.4s ease-out;    ⑲
}

省略

@-webkit-keyframes fadeout {
  0% {
    opacity: 1;
  }                                             ⑳
  100% {
    opacity: 0;
  }
}
```

class名「page-leave」では、animationプロパティを使って、アニメーションfadeoutを0.4秒かけて変化するよう指定します（⑲）。@keyframesプロパティを使って、アニメーションfadeoutの内容を設定します。フェードアウトなので、始点（0%）は不透明、終点（100%）は透明とします（⑳）。

続いて、JavaScriptです。

サンプルファイル：chp05-02/05/index.js

```javascript
function urlChangeHandler() {
  var pageid = parseUrl( location.hash );

  var $prevPage = $pages.filter(":visible");                      ㉑
  var $nextPage = $pages.filter(".page"+pageid);                  ㉒

  function enter() {
    $pages.detach();

    $nextPage
      .removeClass("page-enter")                                  ㉚
      .appendTo("article")
      .addClass("page-enter");
  }

  if($prevPage.length > 0) {                                      ㉓
    $prevPage
      .addClass("page-leave")                                     ㉔
      .on("webkitAnimationEnd", function onFadeOut(){             ㉕
        $nextPage
          .off("webkitAnimationEnd", onFadeOut)                   ㉖
          .removeClass("page-leave")                              ㉗
```

```
        .detach();
        enter();                                              ㉘
    });
} else {
    enter();                                                  ㉙
}
}
```

　フェードインと同様に、表示中の（フェードアウトさせる）要素を取得します（㉑）。そして、次にフェードイン表示する要素も取得しておきます（㉒）。もし、すでに表示中の要素があれば（㉓）、㉔〜㉘の処理を実行します。まず、class名「page-leave」を追加します（㉔）。つまり、フェードアウトのアニメーションが始まります。

　続いて、アニメーション終了後の処理です。webkitAnimationEndイベントに関数onFadeOutをリスナーとして登録します（㉕）。webkitAnimationEndイベントが発生したら、関数onFadeOutをリスナーから削除し（㉖）、class名「page-leave」を削除します（㉗）。最後に、関数enterを実行して、フェードイン処理を開始します（㉘）。

　もし、すでに表示中の要素がなければ（初回表示時なので）、関数enterを実行して（㉙）、フェードイン処理を開始します。関数enterには、要素をDOMツリーから外し、次に表示する要素をフェードインさせる処理をまとめてあります（㉚）。

　ブラウザで確認してみましょう。コンテンツがフェードアウトし、完了したら、次のコンテンツがフェードインして切り替わります。

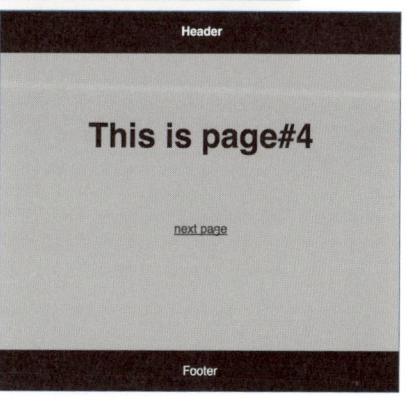

上記コードの実行結果。コンテンツがフェードイン・フェードアウトしながら切り替わる

JavaScriptでアニメーションを実装したときに比べると、かなり複雑なコードになってしまいましたね。一方、JavaScript版はjQueryとjQuery.Deferredの助けで、とてもシンプルに書くことができていました。ここまでを見ると、全てJavaScriptで書いた方がいいような気がします。しかし、アニメーションをCSSに任せることができれば、動きの詳細はCSSだけで記述でき、全体として見通しのよいコードになります。CSS Animations版にもPromise／Deferredを導入し、複雑になってしまったコードを改善しましょう。

Promise／Deferredを使ってanimationEndの処理を書き換える

Chapter-04で取り上げたPromise／Deferredを使って、animationEndの処理を書き換えてみましょう。Promise／Deferredで非同期処理をラップすると、animationEndに限らず、様々な非同期な処理をPromiseという共通の枠組みで扱うことができ、非同期処理同士の連携がしやすくなります。

まずは、webkitAnimationEndイベントをDeferredでラップする関数animEndを定義します。関数animEndは、引数にjQueryオブジェクトを取り、Deferredを返します。jQueryに用意されているDeferredを使いましょう。

```
サンプルファイル：chp05-02/06/index.js
function animEnd($el) {                                          ㉛
  var dfd = new $.Deferred
    , callback = function(){ dfd.resolve($el); };                ㉜

  if($el.length === 0) {
    dfd.resolve();
    return dfd;                                                  ㉝
  }

  $el.on( "webkitAnimationEnd", callback );                      ㉞
  dfd.done(function() {
    $el.off( "webkitAnimationEnd", callback );                   ㉟
  });

  return dfd;                                                    ㊱
}
```

関数animEndの引数$elはjQueryオブジェクトです（㉛）。Deferredのインスタンスdfdのresolveメソッド、そのメソッドの引数を$elにして呼び出す関数callbackを作ります（㉜）。

もし、渡された要素（$el）が空の場合は、resolveしたDeferredを返し、処理を終了します（㉝）。なお、解決済みのDeferredが返された場合は、thenに渡された内容がすぐに実行されます。

$elのwebkitAnimationEndイベントが発生したらcallbackを呼び出し（㉞）、webkitAnimationEndイベントの発生後、関数callbackをイベントリスナーをから削除します（㉟）。最後に、Deferredのインスタンスdfdを返します（㊱）。

続いて、関数urlChangeHandlerを変更しましょう。

サンプルファイル：chp05-02/06/index.js

```
function urlChangeHandler() {
  var pageid = parseUrl( location.hash );
  var $prevPage = $pages.filter(":visible");
  var $nextPage = $pages.filter(".page" + pageid);

  animEnd(
    $prevPage.addClass("page-leave")                    ❸
  ).then(function() {

    $prevPage.removeClass("page-leave");                ❸

    return animEnd(
      $nextPage
        .appendTo("article")                            ❸
        .addClass("page-enter")
    );
  }).then(function() {
    $nextPage.removeClass("page-enter");                ❹
  });
}
```

$prevPageにclass名「page-leave」を追加し、関数animEndに引数として渡します（❸）。$prevPageのアニメーションが終了したらclass名「page-leave」を削除し、DOMツリーから外します（❸）。

次に、$nextPageをDOMツリーに追加し、class名「page-enter」を追加した上で、関数animEndに引数として渡します（❸）。$nextPageのアニメーションが終了したら、class名「page-enter」を削除します（❹）。

ブラウザで確認してみましょう。「next page」リンクをクリックしたり、ブラウザのボタンで戻ったり、進んだりしてみましょう。URL（ハッシュ）の変化に応じて、アニメーション付きでコンテンツが切り替わるはずです。

気づいたかもしれませんが、一つ問題があります。それは素早くページを進んだり戻ったりした場合、コンテンツが消えずに残ってしまうことです。これは、❸のところを次のようにすれば改善できます。

サンプルファイル：chp05-02/07/index.js

```
function urlChangeHandler() {
  var pageid = parseUrl( location.hash );
  var $prevPage = $pages.filter(":visible");
  var $nextPage = $pages.filter(".page" + pageid);

  animEnd(
    $prevPage.addClass("page-leave").get(0)
  ).then(function() {
```

```
    $pages.detach().removeClass("page-leave");                    ㊶

return animEnd(
省略
```

$pages内の要素全てをDOMツリーから外し、そのclass名「page-leave」を削除します（㊶）。再度、ブラウザで確認してみましょう。先ほどの問題が解消されているはずです。

フリップアニメーションに変更する

アニメーションの実装をCSS3に任せることで、JavaScriptは制御に集中でき、他のアニメーションに変更したいときはCSSファイルだけを修正すればよくなります。フェードイン・フェードアウトをフリップアニメーションに変えてみましょう。CSSファイルの@keyframesプロパティの内容を、次のように変更します。

サンプルファイル：chp05-02/07/index.css

```css
@-webkit-keyframes flipin {
  0% {
    -webkit-transform: perspective(1200) rotateY(-90deg);
  }
  100% {
    -webkit-transform: perspective(1200) rotateY(0deg);
  }
}

@-webkit-keyframes flipout {
  0% {
    -webkit-transform: perspective(1200) rotateY(0deg);
  }
  100% {
    -webkit-transform: perspective(1200) rotateY(90deg);
  }
}
```

次に、class名「page-enter」と「page-leave」でanimationプロパティを使って、このアニメーションを指定します。

サンプルファイル：chp05-02/07/index.css

```css
.page.page-enter {
  -webkit-animation: flipin 1.5s ease-out;
}

.page.page-leave {
  -webkit-animation: flipout 0.3s ease-out;
}
```

先ほどまでのCSSとの違いは、fadein・fadeoutをflipin・flipoutに入れ替えただけです。ブラウザで確認してみましょう。パネルがひっくり返るような動きになっています。

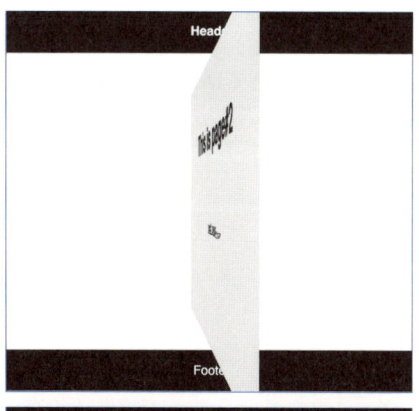

上記コードの実行結果。「next page」リンクをクリックすると、コンテンツ部分だけがフリップアニメーションで切り替わる

　このアニメーションを他の要素に適用することも簡単ですし、他のプロジェクトでも利用できます。アニメーションの再利用が簡単にできるようになることで、要素ごとに毎回実装する手間が省けます。その分、アプリケーションの完成度を高めることに注力できます。
　CSSによるアニメーションの実装と、それを管理するJavaScript部分を切り離すことで、JavaScriptのコードを理解しやすく保守しやすくできます。何か問題が起きたときに原因を特定しやすくもなるでしょう。
　次のSectionでは、ページごと、URLごとの処理を加えてみましょう。

Chapter-05 03 実践 コンテンツごとの処理を加える

Section-01では、URL（ハッシュ）ごとに対応したコンテンツを表示できるようにしました。このURLと表示するコンテンツの関連付けを柔軟にした上で、基本的な処理を別ファイルに切り分けましょう。

ここまでで、URLをハンドリングし、URL（ハッシュ）ごとに対応したコンテンツを表示できるようになりました。また、ページ遷移を制御するJavaScript部分と、アニメーションのCSS部分を分離することで、変更しやすく、再利用可能なコードになっています。

ここでは、URLと表示するコンテンツの関連付けを柔軟にした上で、基本的な処理を別ファイルに切り分けます。そうすることで、プロジェクトごとに変更する部分、変更しない部分がはっきり区別できるようになり、保守性に優れるのはもちろんのこと、プロジェクトをまたいで使い回しやすく、再利用しやすくなります。

○ URLとコンテンツの関連付けを柔軟にする

ここまでのサンプルでは、URLと表示されるコンテンツは、次のように関連付けられています。

- URL（ハッシュ）が「#1」の場合、class名「page1」のsection要素を表示
- URL（ハッシュ）が「#2」の場合、class名「page2」のsection要素を表示
- URL（ハッシュ）が「#3」の場合、class名「page3」のsection要素を表示
- URL（ハッシュ）が「#4」の場合、class名「page4」のsection要素を表示

JavaScriptだと次の部分です。

```
var pageid = parseUrl( location.hash );                    ❶
var $prevPage = $pages.filter(":visible");
var $nextPage = $pages.filter(".page" + pageid);           ❷
```

ハッシュから「.page」の後に追加する数値を取得し、変数pageidに入れて（❶）、文字列「.page」と変数pageidを結合して、該当する要素を見つけています（❷）。

表示するコンテンツは4ページ分あり、全て共通のルールになっています。今のところはこの方法でうまくいっているように見えますが、実装を進めるにつれて、コンテンツごとに違う処理をしたい、もっと柔軟に要素とURLを組み合わせたい、という要望が出てくるかもしれません。そこで、もっと汎用的に利用できるよう、URLとコンテンツの関連付けの処理を見直したいと思います。

Page オブジェクトを作成する

まずは、各コンテンツに対応する Page オブジェクトを作成します。Page オブジェクトは、次のことを知っていればよさそうです。

1. 自分と対応する URL
2. 対応する DOM 要素
3. 自分が表示されるときの処理
4. 自分が非表示にされるときの処理

この1と2を使用して、URL と表示コンテンツの組み合わせを表現します。Page オブジェクトは、次のような形にしましょう。

```
var Page = {
  url: url,      // 自分と対応するURL
  $el: $el,      // 対応するDOM要素
  enter: enter,  // 自分が表示されるときの処理
  leave: leave   // 自分が非表示にされるときの処理
}
```

次に、この Page オブジェクトを生成して返す関数 pageFactory を定義します。関数 pageFactory は、url・DOM 要素・表示処理関数・非表示処理関数の4つの引数を取って、Page オブジェクトを生成します。

サンプルファイル：chp05-03/01/index.js

```
function pageFactory(url, $el, enter, leave) {
  return {
    url: url,
    $el: $el,
    enter: enter,
    leave: leave
  }
}
```

関数 pageFactory を使って Page オブジェクトを作ってみましょう。

サンプルファイル：chp05-03/01/index.js

```
var pageObjects = [];                                    ❸

省略

function init() {

  pageObjects.push(                                      ❺
    pageFactory( "1", $(".page1"), null, null)           ❹
  );

  $pages = $("[data-role='page']").detach();
```

Pageオブジェクト格納用の配列pageObjectsを作成します（❸）。他の関数からも利用するので、一段広いスコープで宣言・初期化します。関数pageFactoryを使ってPageオブジェクトを作成し（❹）、配列pageObjectsに追加します（❺）。今のところは、関数pageFactoryの第3引数（表示処理関数）と第4引数（非表示処理関数）は空（null）にしておきます。

これで、URLが「1」のときとjQueryオブジェクト「$(".page1")」を関連付けるオブジェクトができました。このように関数pageFactoryの第1引数と第2引数を使用して、URLと表示コンテンツを自由に組み合わせることができます。他のURLに対応するPageオブジェクトも作成しておきましょう。なお、関数pageFactoryの書き方は、次のように改行を省略することもできます。

サンプルファイル：chp05-03/01/index.js
```javascript
pageObjects.push(
  pageFactory( "1", $(".page1"), null, null )
);
pageObjects.push( pageFactory( "2", $(".page2"), null, null ) );
pageObjects.push( pageFactory( "3", $(".page3"), null, null ) );
pageObjects.push( pageFactory( "4", $(".page4"), null, null ) );
```

次に、関数urlChangeHandlerを修正して、配列$pagesの代わりにpageObjectsを使うように変更します。

サンプルファイル：chp05-03/01/index.js
```javascript
function urlChangeHandler() {
  var pageid = parseUrl( location.hash );
  var $prevPage = $pages.filter(":visible");
  var $nextPage = getPage( pageObjects, pageid );  ──→ ❻
```

関数getPageを使って、pageidに該当するPageオブジェクトを探して$nextPageに代入します（❻）。

続いて、URLの文字列から、対応するPageオブジェクトを探す関数getPageを定義します。

サンプルファイル：chp05-3/01/index.js
```javascript
function getPage(pages, key){
  return pages.filter(function(e){  ──→ ❼
    return e.url == key;  ──→ ❽
  })[0] || null;  ──→ ❾
}
```

filterメソッドを使って配列内を検索します（❼）。このとき、filterメソッドの引数となる関数には配列の各要素が渡されます。要素のurlプロパティがkeyと同じときはtrueを返します（❽）。trueだった要素だけが配列として返ってくるので、先頭だけ返し、なかったらnullを返します（❾）。

ブラウザで確認してみましょう。Section-02までと同じ動きであればOKです。

◯ 前ページから次ページへの遷移処理を実装する

Pageオブジェクトを通してURLと表示されるコンテンツ（DOM要素）を関連付けることで、柔軟な指定が可能になりましたね。ページ遷移時に、次のような条件で「前ページ」と「次ページ」を取得していたと思います。

- すでに表示しているコンテンツを「前ページ」（$prevPage）
- 現在のURLに対応するコンテンツを「次ページ」（$nextPage）

これを、次のように変更します。

- 前のURLに対応するコンテンツを「前ページ」（$prevPage）
- 現在のURLに対応するコンテンツを「次ページ」（$nextPage）

このように変更して、前・次ページを取得する際の条件を揃えておきましょう。そのためには、前のURLが何だったのかを保存しておく必要があります。この部分を実装していきます。

下準備をする

実装済みのコンテンツの表示・非表示処理を個別の関数として切り出します。まずは、表示処理を関数pageEnterとして定義します。

```
function pageEnter($el) {                                    ⑩
  var $page = $el.addClass("page-enter").appendTo("article"); ⑪
  return animEnd( $page ).then(function(){                    ⑫
    $el.removeClass("page-enter");                            ⑬
  });
}
```

関数pageEnterはjQueryオブジェクト$elを引数に取ります（⑩）。$elにclass名「page-enter」を追加し、それをarticle要素に追加し、変数$pageに代入します（⑪）。animEndメソッドでアニメーションの終了を待ち（⑫）、アニメーションが終了したら$elからclass名「page-enter」を削除します（⑬）。

続いて、非表示処理を関数pageLeaveとして定義します。

```
function pageLeave($el) {                          ⑭
  var $page = $el.addClass("page-leave");          ⑮
  return animEnd( $page ).then(function() {        ⑯
    $el.detach();                                  ⑰
    $el.removeClass("page-leave");                 ⑱
  });
}
```

関数pageLeaveもjQueryオブジェクト$elを引数に取ります（⑭）。$elにclass名「page-leave」を追加し、変数$pageに代入します（⑮）。animEndメソッドでアニメーションの終了を待ち（⑯）、アニメーションが終了したら$elをDOMツリーから外し（⑰）、$elからclass名「page-leave」を削除します（⑱）。

これら関数pageEnterと関数pageLeaveを使用するように、関数urlChangeHandlerを変更します。関数pageEnterと関数pageLeaveの返り値はともにPromise／Deferredなので、thenを使って処理を繋げることができます。

```
function urlChangeHandler() {
  var pageid = parseUrl( location.hash );
  var $prevPage = $pages.filter(":visible");
  var $nextPage = getPage(pageObjects, pageid).$el;

  pageLeave( $prevPage ).then(function() {          ⑲
    return pageEnter( $nextPage );                  ⑳
  });
}
```

関数pageLeaveを実行し（変数$prevPageが引数）、Promise／Deferredの解決を待ちます（⑲）。アニメーションが終了したら、関数pageEnterを実行します（変数$nextPageが引数）（⑳）。

切り分けたことで各関数の役割がはっきりして、見通しがよくなりました。

- 関数pageEnter：コンテンツが表示されるときの処理。Promise／Deferredを返す
- 関数pageLeave：コンテンツが非表示にされるときの処理。Promise／Deferredを返す
- 関数urlChangeHandler：URL（ハッシュ）の変更をハンドリングする

前のURL、次のURL

ページ遷移の処理を考えてみましょう。Section-02では、Pageオブジェクトを作ることで、URLとコンテンツを関連付けました。前・次のURLとコンテンツの関係は次のとおりです。

- 前のURL（これから非表示にするコンテンツのURL、つまり現在表示しているコンテンツ）
- 次のURL（これから表示するコンテンツのURL）

これらはともに対応するPageオブジェクトを持っています。そのため、遷移処理は次のような流れになりそうです。

1. 前のURLに対応するPageオブジェクトの非表示処理を実行
2. 処理完了を待つ（Promise／Deferred）
3. 次のURLに対応するPageオブジェクトの表示処理を実行
4. 処理完了を待つ（Promise／Deferred）

前・次のURLはどのように管理すればいいでしょうか。ここでは配列を使うことにします。配列urlHistoryを作成します。配列を初期化し、変数urlHistoryに入れます（㉑）。

```
;(function(){

  var $pages;
  var pageObjects = [];
  var urlHistory = [];                                          → ㉑
```

続いて、URL（ハッシュ）が変更されるたびに、変数urlHistoryにURL文字列を追加するようにします。pageidを配列urlHistoryの末尾に追加します（㉒）。

```
function urlChangeHandler() {
  var pageid = parseUrl( location.hash );
  var $prevPage = $pages.filter(":visible");
  var $nextPage = getPage(pageObjects, pageid).$el;

  urlHistory.push( pageid );                                    → ㉒
```

前・次のURLは、配列urlHistoryのそれぞれ「最後の要素」と「その前の要素」ということになります。ただし、最初にページを表示したときは、配列urlHistory内には要素が1つしかないので注意しましょう。

配列urlHistoryから最後の要素とその前の要素を取り出して処理する関数scanLastを定義します。

サンプルファイル：chp05-03/02/index.js

```
function scanLast(arr, f){                                      → ㉓
  var temp = arr.slice(-2);                                     → ㉔
  if(temp.length === 1) temp.unshift(null);                     → ㉕
  return f.apply(this, temp);                                   → ㉖
}
```

関数scanLastは、URLの入った配列arrと、それを処理する関数fを引数に取ります（㉓）。配列arrの末尾から要素を2つだけ取り出します（㉔）。最初は長さが1になってしまうので、そのときは先頭にnullを追加して長さを2にします（㉕）。そして、処理関数fに、配列の入った変数tempを適用して実行します（㉖）。処理関数fは配列tempの各要素を引数として実行されます。

この関数scanLastを使って、関数urlChangeHandlerを変更しましょう。

```
function urlChangeHandler() {
  var pageid = parseUrl( location.hash );

  urlHistory.push( pageid );

  scanLast(urlHistory, function(prev, next){                    → ㉗
    var prevPage = getPage(pageObjects, prev)
      , nextPage = getPage(pageObjects, next);                  → ㉘
```

```
      pageLeave( prevPage.$el ).then(function() {
        return pageEnter( nextPage.$el );
      });
    });
  }
```

関数scanLastを使って、配列urlHistoryの最後から2つ分の要素を取り出して、関数を実行します（㉗）。引数のprevとnextが、前・次のURLに対応しており、それらを使って該当するPageオブジェクトを見つけます（㉘）。jQueryオブジェクトではなくなったので、変数名から$を削除します。これで、prevPage（前のURL）とnextPage（次のURL）を取得できました。

ブラウザで確認してみましょう。どうやらエラーが出ているようなので、開発者ツールで確認してみると、次のようなエラーが出ています。

> `index.js`の51行目で「prevPage.$elを評価しようとしたけど、nullはオブジェクトじゃないよ。」

考えてみれば当然です。初回のロード時は、prevPageは空になるため、「prevPage.$el」にアクセスしようとしてもエラーになってしまいます。これを解決するには、「prevPageがnullだったら」という条件で処理を書きますが、同様の処理を関数pageLeaveにも書かなければならず、とても面倒ですね。こういう場合は、「prevPageが空のときは処理しない」ということにしましょう。ちょっと工夫して次のように書きます。

サンプルファイル：chp05-03/02/index.js

```
var firstPromise = new $.Deferred().resolve();         ㉙

function urlChangeHandler() {
  var pageid = parseUrl( location.hash );

  urlHistory.push( pageid );

  scanLast(urlHistory, function(prev, next){
    var prevPage = getPage(pageObjects, prev)
      , nextPage = getPage(pageObjects, next);

    firstPromise.then(function(){                       ㉚
      if(prevPage) return pageLeave( prevPage.$el );    ㉛
    }).then(function() {
      return pageEnter( nextPage.$el );
    });
  });
}
```

初回用に解決済みのPromise／Deferredを作っておきます（㉙）。解決済みのPromise／Deferredは、thenの引数に取った関数をすぐに実行します（㉚）。変数prevPageがあれば関数pageLeaveを実行し、なければ何もしないようにします（㉛）。

再度ブラウザで確認してみましょう。これまでと同様に動いていれば大丈夫です。

○ コンテンツごとの処理を実装する

このSectionの冒頭で作成したPageオブジェクトのうち、表示・非表示の処理関数enterとleaveがまだ使われていません。この部分を実装して、コンテンツ個別の処理を完成させましょう。

実は、これまででほぼ必要な機能は揃っています。関数urlChangeHandlerを次のように変更します。

サンプルファイル：chp05-03/03/index.js

```
function urlChangeHandler() {
  var pageid = parseUrl( location.hash );

  urlHistory.push( pageid );

  scanLast(urlHistory, function(prev, next){
    var prevPage = getPage(pageObjects, prev)
      , nextPage = getPage(pageObjects, next);

    firstPromise.then(function(){
      if(prevPage) return prevPage.leave( prevPage.$el );   → ㉜
    }).then(function() {
      return nextPage.enter( nextPage.$el );                → ㉝
    });
  });
}
```

「pageLeave(prevPage.$el)」を「prevPage.leave(prevPage.$el)」に変更し、prevPageのleaveメソッドを実行するようにします（㉜）。同様に、「pageEnter(nextPage.$el)」を「nextPage.enter(nextPage.$el)」に変更します（㉝）。

ブラウザで確認してみると、動きません。エラーを見ると、「nextPage.enterがnullである」ことが原因のようです。❹を見てください。関数pageFactoryでPageオブジェクトを作成するときに、ひとまず第3引数（表示処理関数）と第4引数（非表示処理関数）にはnullを渡していました。

この問題の解決方法として、nullのときに処理をしないように変更することも考えられますが、記述が冗長になるのを避けるために省略したい場合もあると思います。そこで、関数pageFactoryを次のように変更して、nullのときは関数pageEnter、関数pageLeaveが初期値として設定されるようにします。

サンプルファイル：chp05-03/03/index.js

```
function pageFactory(url, $el, enter, leave) {
  return {
    url: url,
    $el: $el,
```

```
      enter: enter || pageEnter,　　　　　　　　　　　　　　　　　　㉞
      leave: leave || pageLeave　　　　　　　　　　　　　　　　　　㉟
    }
  }
```

引数 enter が、null や undefined など、false と評価される場合、関数 pageEnter が Page オブジェクトの enter メソッドになるようにします（㉞）。同様に、引数 leave が false と評価される場合、関数 pageLeave が Page オブジェクトの leave メソッドになるようにします（㉟）。ブラウザで確認してみましょう。今度はエラーにならずに実行できました。

◆ enter メソッド・leave メソッドの引数を変更する

enter メソッド・leave メソッドの引数は、jQuery オブジェクトだけでは不十分な場合もありえます。できるだけ多くの場合に対応できるよう、必要十分な引数を渡しておきます。関数 urlChangeHandler を次のように変更します。

サンプルファイル：chp05-03/04/index.js

```
function urlChangeHandler() {
  var pageid = parseUrl( location.hash );

  urlHistory.push( pageid );

  scanLast(urlHistory, function(prev, next){
    var prevPage = getPage(pageObjects, prev)
      , nextPage = getPage(pageObjects, next);

    firstPromise.then(function(){
      var page = prevPage;　　　　　　　　　　　　　　　　　　　　　㊱
      if(page) return page.leave( page.$el, pageLeave.bind(➡
page, page.$el), prev, next );　　　　　　　　　　　　　　　　　　　　㊲
    }).then(function() {
      var page = nextPage;　　　　　　　　　　　　　　　　　　　　　㉟
      return page.enter( page.$el, pageEnter.bind(➡
page, page.$el), prev, next );　　　　　　　　　　　　　　　　　　　　㊳
    });
  });
}
```

変数名が長いので、見やすくするため変数 page に入れておきます（㊱）。leave メソッドと enter メソッドの引数を変更します。順番に「DOM 要素、デフォルトの非表示処理関数あるいは表示処理関数、前の URL、次の URL」です（㊲）。

第 2 引数でデフォルト関数を渡すのは、共通処理としている関数 pageLeave・関数 pageEnter を各 Page オブジェクトの関数 leave・関数 enter 内から呼び出せるようにするためです。前・次の URL を引数で渡すのは、URL の前後関係で処理したい内容が変わることがあるかもしれないからです。例えば、トップページから下層ページへの遷移ではナビゲーションの高さを低くするが、下層ページ同士の遷移ではナビゲーションは低いままにし

たい、などが考えられるでしょう。

　bindは、関数が実行されるスコープや変数を束縛（bind）した関数を作成することができます。ここでは、実行するスコープ（this）をpageに、第1引数を「page.$el」に束縛しています（㊲）。bindされた結果は関数なので、好きなタイミングで実行できます。bindは、applyやcallに似ていますが、すぐには実行されない点で異なっています。

　これで、コンテンツごとの処理を実装できました。試しに、関数initを次のように変更して、URL（ハッシュ）が「#1」のコンテンツを表示するときに「hello」、非表示にするときに「bye」とアラートを出してみましょう。

サンプルファイル：chp05-03/04/index.js
```
function init() {

  pageObjects.push( pageFactory( "1", $(".page1"), ➡
function($el, action, prev, next){
    alert("hello");
    return action();
  }, function($el, action, prev, next){
    alert("bye");
    return action();
  }) );
```

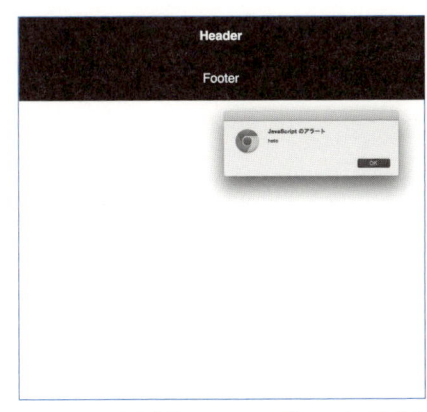

上記コードの実行結果。コンテンツ「page1」を表示するときに「hello」、非表示にするときに「bye」とアラートが出る。その他のコンテンツを表示・非表示するときには何もアラートは出ない

143

◯ JavaScriptファイルを分割する

ここまでで、かなりゴールに近いところまできています。あと少し、頑張りましょう。現時点のコードには、プロジェクトをまたいで流用できる部分と、今回作成しているコンテンツ固有の部分があります。これを分離することで、今回実装したコードを無駄にしなくて済みます。

ここまで気を配って実装を進めてきたお陰で、コンテンツに固有のコードはほとんどが関数initに記述されています。また、全体が「function(){}」で覆われているので、このままだと、ここまでで作成した関数を、全体を覆う「function(){}」の外から呼び出すことができません。そこで、必要な関数を外から呼び出せるように穴を開けます。今回は、windowオブジェクトにプロパティを追加して、そのプロパティ以下に必要な関数を公開する方法をとりたいと思います。作業は次のように進めることにします。

1. 関数initを整理する
2. 外部から利用するために必要な機能を公開する

関数initを整理する

現時点のコードでは、関数initの定義は次のようになっています。

```
function init() {
  pageObjects.push( pageFactory( "1", $(".page1"),
function($el, action, prev, next){
    alert("hello");
    return action();
  }, function($el, action, prev, next){
    alert("bye");
    return action();
  }) );

  pageObjects.push( pageFactory( "2", $(".page2"), null, null) );
  pageObjects.push( pageFactory( "3", $(".page3"), null, null) );
  pageObjects.push( pageFactory( "4", $(".page4"), null, null) );

  $pages = $("[data-role='page']").detach();

  $(window)
    .on("hashchange", urlChangeHandler)
    .trigger("hashchange");
}
```

関数の中身は、Pageオブジェクトの作成・設定（㊳）、初期化処理（㊴）、hashchangeイベントリスナー設定・イベント発火（㊵）です。㊳と㊴はコンテンツに固有で、㊵は汎用化できそうです。まずは、㊵の汎用化から手を付けていきましょう。

hashchangeイベント発火から全ての処理が始まっているので、関数startとして定義しましょう。

```
サンプルファイル：chp05-03/05/index.js
function start(){
  $(window)
    .on("hashchange", urlChangeHandler)
    .trigger("hashchange");
}
```

次に㊳について見ていきます。Pageオブジェクトを生成して、それを配列pageObjectsにpushして追加するという処理が行われています。この処理自体を一つの関数として定義しておくのがよさそうです。関数addとして定義しましょう。

```
サンプルファイル：chp05-03/05/index.js
function add(url, $el, enter, leave){
  pageObjects.push( pageFactory(url, $el, enter, leave) );
}
```

必要な引数だけ渡せば、Pageオブジェクトの生成と、pageObjectsへの追加を同時にしてくれる便利な関数ができあがりました。これで関数initは整理できたので、削除してしまいましょう。続いて、外部向けに機能を公開します。

外部から利用するために必要な機能を公開する

外部から利用するのに必要な機能はどれでしょうか？ 関数initで行っていたのは次の処理でした。

- Pageオブジェクトの追加
- イベントの発火＝スタート

とりあえず、この2つを公開してみて、もし不足していたら足すことにしてみます。myRouterという名前で公開しましょう。末尾に追加します。

```
サンプルファイル：chp05-03/05/index.js
  window.myRouter = {
    add: add,
    start: start
  };

})();
```

実際にJavaScriptファイルを分割する前にちょっと試してみましょう。スコープ外、つまり、全体を覆う「function(){}」の外側で使ってみます。これで動作していれば機能がちゃんと公開されていることになります。

```
                                          サンプルファイル：chp05-03/05/index.js
})();

myRouter.add( "1", $(".page1"), function($el, action,
prev, next){
    alert("hello");
    return action();
}, function($el, action, prev, next){
    alert("bye");
    return action();
} );

myRouter.add( "2", $(".page2"), null, null );
myRouter.add( "3", $(".page3"), null, null );
myRouter.add( "4", $(".page4"), null, null );

$("[data-role='page']").detach();

myRouter.start();
```
㊶

㊷

各ページを設定して（㊶）、イベントを発火して開始します（㊷）。ブラウザで確認してみましょう。動いていればOKです。

では、㊶より前の記述を「myRouter.js」として別ファイルにまとめます。㊶以降の記述は「index.js」に残しておきましょう。index.htmlのscript要素も忘れずに変更します。

```
                                          サンプルファイル：chp05-03/06/index.html
  <script src="https://code.jquery.com/jquery-2.1.3.min.js"></script>
  <script src="./myRouter.js"></script>
  <script src="./index.js"></script>
  </body>
</html>
```
㊸

別ファイルにしたmyRouter.jsは、jQueryファイルより後、index.jsより前に読み込むようにします（㊸）。念のため、ファイルを修正後、ブラウザで確認してみてください。

次のSectionでは、コンテンツ部分を外部ファイル化してみましょう。

Chapter-05
04 実践 コンテンツ部分を外部ファイル化する

いよいよ仕上げです。これまで、各URL（ハッシュ）に対応するコンテンツはindex.html内に記述されていました。これを外部ファイルとして、切り離しましょう。

○ コンテンツごとのHTMLファイルを作る

class名「page1」のsection要素の内容はindex.htmlに残しておき、その他のsection要素は、page2.html、page3.htmlのように、「page＋数字」で別ファイルにします。そして、これらのHTMLファイルからは、script要素を削除しておきます。

index.htmlは次のようになります。

サンプルファイル：chp05-04/01/index.html

```html
<!DOCTYPE html>
<html lang="en">
  <head>
    <meta charset="UTF-8">
    <title>SPA</title>
    <link rel="stylesheet" href="index.css">
  </head>
  <body>
    <header>
      <h1>Header</h1>
    </header>
    <article>
      <section data-role="page" class="page page1">
        <div class="inner">
          <h1>This is page#1</h1>
          <a href="#2">next page</a>
        </div>
      </section>
    </article>
    <footer>
      <p>Footer</p>
    </footer>
    <script src="https://code.jquery.com/jquery-2.1.3.min.js"></script>
    <script src="./myRouter.js"></script>
    <script src="./index.js"></script>
  </body>
</html>
```

page2.html ～ page4.htmlは次のようになります。script要素は削除しておきます。

サンプルファイル：chp05-04/01/page2.html

```html
<!DOCTYPE html>
<html lang="en">
  <head>
    <meta charset="UTF-8">
```

```html
    <title>SPA</title>
    <link rel="stylesheet" href="index.css">
  </head>
  <body>
    <header>
      <h1>Header</h1>
    </header>
    <article>
      <section data-role="page" class="page page2">
        <div class="inner">
          <h1>This is page#2</h1>
          <a href="#3">next page</a>
        </div>
      </section>
    </article>
    <footer>
      <p>Footer</p>
    </footer>
  </body>
</html>
```

○ Ajax通信でコンテンツを取得する

別ファイルにしたコンテンツをAjax通信で取得する処理は、プロジェクトによって変わる部分だと思われるので、myRouter.jsでなく、index.jsに追加することにします。

まずは、関数enterを定義し、外部ファイルpage2.htmlを読み込み、コンテンツ部分を表示するようにします。

サンプルファイル：chp05-04/02/index.js

```javascript
function enter($el, action, prev, next){
  return $.ajax({                                              ❶
    url: "page2.html",                                         ❷
    dataType: "html"
  }).then( function( d ){                                      ❸

    var content = $( d ).find( "[data-role=page] .inner");     ❹
    $el.html( content );                                       ❺

    return action();                                           ❻
  });
}

myRouter.add( "1", $(".page1").detach() );                     ❼
myRouter.add( "2", $("<section class='page'/>"), enter);       ❽
myRouter.add( "3", $("<section class='page'/>"), null, null ); 
myRouter.add( "4", $("<section class='page'/>") );             ❾

myRouter.start();                                              ❿
```

関数enterではまず、jQueryのajaxメソッドを使い（❶）、page2.htmlを読み込みます

（❷）。読み込み完了時の処理では、引数に読み込まれたデータが渡されます（❸）。そして、読み込んだHTMLファイルからコンテンツ部分を抜き出し（❹）、そのコンテンツ部分を$elに追加し、表示します（❺）。Ajax通信が完了したら、第2引数のactionを実行します（❻）。このactionは、myRouter.js内の次の部分から渡されています。

サンプルファイル：chp05-04/02/myRouter.js
```
var page = nextPage;
return page.enter( page.$el, pageEnter.bind(this, page.$el), prev, next );
```

引数actionを「action();」のように実行すると、前のSectionで別関数に切り出した関数pageEnterを呼び出すことになります。bindメソッドによって 関数pageEnterのスコープは「page.$el」に固定されています。この「page.$el」は、現在のURLに対応するjQueryオブジェクトでしたね。

Pageオブジェクトを作成する処理で、♯1に対応するコンテンツ用ではindex.html内のclass名「page1」を持つ要素をDOMツリーから外しておき（❼）、♯2に対応するコンテンツ用では第2引数に先ほど作った関数enterを指定します（❽）。myRouter.addは❾のように、第3引数・第4引数を省略できます。最後に、処理をスタートします（❿）。

ここまでで一度ブラウザで確認してみましょう。1ページ目の「next page」リンクをクリックして、2ページ目が表示されればOKです[※1]。

このまま、3ページ目、4ページ目と進めていきましょう。3ページ目を表示するための関数は、関数enterを使い回すようにしたいですね。しかし、関数enterには、読み込むファイル名が「./page2.html」と直接書いてしまっているため（❷）、このままだと使い回すことができません。

そこで、パス名を柔軟に指定できるよう、関数enterをラップする関数createEnterFuncを定義します。関数createEnterFuncでは、外部ファイルパスを引数に取り、それを関数enterから使えるようにして、関数enterを返すようにします。

サンプルファイル：chp05-04/03/index.js
```
function createEnterFunc(path){                    → ⓫
  return function enter($el, action, prev, next) { → ⓭
    return $.ajax({
      url: path,                                   → ⓬
      dataType: "html"
    }).then( function( d ){

      var content = $( d ).find( "[data-role=page] .inner");
      $el.append( content );

      return action();
    });
  }
}
```

[※1] Ajaxを使用したサンプルは、セキュリティ上、ローカル環境では動作しないことがあります。サーバにアップして動作確認してください。

関数createEnterFuncは引数に外部ファイルパスpathを受け取ります（⓫）。受け取ったpathはそのまま、ajaxメソッドで使用されます（⓬）。そして、関数enterを返します（⓭）。

この関数createEnterFuncを使ってみましょう。関数createEnterFuncに外部ファイルパスを渡します。

サンプルファイル：chp05-04/03/index.js
```
myRouter.add( "2", $("<section class='page'/>"), ➡
  createEnterFunc("./page2.html"));
myRouter.add( "3", $("<section class='page'/>"), ➡
  createEnterFunc("./page3.html"));
myRouter.add( "4", $("<section class='page'/>"), ➡
  createEnterFunc("./page4.html"));
```

ブラウザで確認してみましょう。3ページ目、4ページ目もちゃんと表示されるようになるはずです。これで完成なのですが、もう少し動きを付けたい場合にも比較的簡単にできるところをお見せしたいと思います。

関数leaveを定義します。

サンプルファイル：chp05-04/04/index.js
```
function leave($el, action) {
  return $el.find(".inner")         ⓮
    .fadeOut(300).promise()         ⓯
    .then(function(){
      return action();              ⓰
    });
}
```

関数leaveでは、class名「inner」を持つ要素を見つけ（⓮）、フェードアウトさせ（⓯）、フェードアウトしたらactionを実行し（⓰）、処理を進めます。この、第2引数で受け取った関数actionは、関数leaveの実行時にデフォルト関数として渡されるものです。

ブラウザで確認してみましょう。ページ遷移するとき、まず、表示中のコンテンツがフェードアウトしてからフリップするようになりました。このように非同期処理を扱う際にはPromise／Deferredを使うようにすると、処理を繋げたり、変更・制御することがシンプルにできるようになります。

上記コードの実行結果。ページが切り替わるときに、いったんフェードアウトしてからフリップする

Chapter-05

05

実践　History APIを使う

前のSectionでサンプルは完成しましたが、URL（ハッシュ）のハンドリングについて、History APIを使う形に変更してみましょう。

ここまでのコードでは、URL（ハッシュ）の変化をhashchangeイベントでハンドリングし、ハッシュに応じたコンテンツを表示しています。HTML5には「History API」という機能があります。Historyは「履歴」を意味しており、History APIを使うことで、ハッシュではなく、URL（正確には履歴）を操作することができます。ここでは、これまでのサンプルをHistory APIを使う形に変更します。

なお、History APIを動作させるには、ファイルをWebサーバ上において確認する必要があります。ローカルで確認するには、Windowsの方はXAMMP[※2]、OS Xの方はMAMP[※3]などを使って、ローカルサーバを構築してください。XAMMPやMAMPの使い方についてはWeb上のリソースを参考にしてください。いずれを使用する場合も、サーバのドキュメントルートはindex.htmlがある階層としてください。

○ History APIについて

実は、History APIは新しいものではなく、かなり昔から存在していました。「history.back()」という呼び出しに見覚えはないでしょうか。これもHistory APIの機能の一つです。HTML5になってHistory APIが拡張され、いくつかの新機能が追加されました。その一つが「履歴の追加」です。この機能を使えば、JavaScriptからHistory APIを使って履歴を追加し、URLを変更することができます。

履歴の追加は、pushStateメソッドを使って、次のように記述します。

```
history.pushState(
    state,      ──────────────────→ ①
    title,      ──────────────────→ ②
    url         ──────────────────→ ③
);
```

pushStateメソッドの第1引数には、追加する履歴に関連付けたいObjectを渡します（①）。第2引数には、ページタイトルを渡しますが（②）、現時点ではサポートされていないようです。第3引数には、追加する履歴のURLを渡します（③）。URLは相対パスか絶対パスで指定できます。

また、URLを履歴に追加せず、現在の履歴を上書きするのがreplaceStateメソッドです。引数の数と順番はpushStateメソッドと同じです。replaceStateメソッドは、「URLを書き換えたいが、履歴を追加したくない」場合に使用します。

※2　XAMPP　https://www.apachefriends.org/jp/index.html
※3　MAMP　http://www.mamp.info/en/

151

```
history.replaceState(
  state,
  title,
  url
);
```

このようにして、履歴が操作されるとpopstateイベントが発行されます。popstateイベントは、jQueryを使って次のようにハンドリングできます。

```
$(window).on("popstate", function(event){
  console.log(e.originalEvent.state);                                    ❹
});
```

この例では、イベントオブジェクト内のstateプロパティをデバッグ表示しますが、jQueryのイベントオブジェクトにはstateプロパティは渡されないため、「event.originalEvent.state」と（❹）、本来のイベントオブジェクトにアクセスしてstateプロパティを読み出しています。

○ HTMLを修正する

History APIを使う上で、まずはHTMLを変更します。各コンテンツの「next page」リンクとなっているa要素のhref属性を実際のファイル名に書き換えます。

サンプルファイル：chp05-05/01/index.html、page2.html 〜 page4.html

```
index.htmlの場合
<a href="./page2.html">next page</a>

page2.htmlの場合
<a href="./page3.html">next page</a>

page3.htmlの場合
<a href="./page4.html">next page</a>

page4.htmlの場合
<a href="./page1.html">next page</a>
```

続いて、page2.html 〜 page4.htmlの</body>の直前に、次のscript要素を追加します。index.htmlにある同じものを同じ位置に置くだけです。

サンプルファイル：chp05-05/01/index.html、page2.html 〜 page4.html

```
<script src="https://code.jquery.com/jquery-2.1.3.min.js"></script>
<script src="./myRouter.js"></script>
<script src="./index.js"></script>
```

ブラウザで確認してみましょう。今までと違い、通常のリンクをクリックしたときの遷移になっています。

○ JavaScriptを修正する

　hashchangeイベントからpopstateイベントへ変更するにあたり、変更が必要な部分を考えます。今のところ、myRouter.jsの処理は、次のようなフローになっています。

1. 関数 start：hashchange
2. 関数 urlChangeHandler が呼び出される
3. 関数 parseUrl でハッシュを整形する
4. ハッシュに応じたコンテンツを表示する
5. コンテンツ内のリンクがクリックされる
6. 2に戻る

　順番に見ていくことにしましょう。関数 start は、次のように実装していました。

```
function start(){
  $(window)
    .on("hashchange", urlChangeHandler)
    .trigger("hashchange");
}
```

　このhashchangeイベントをpopstateイベントに変更しましょう（❺）。

サンプルファイル：chp05-05/02/myRouter.js
```
function start(){
  $(window)
    .on("popstate", urlChangeHandler)
    .trigger("popstate");
}
```
❺

　続いて、関数 urlChangeHandler です。関数内の次の部分を変更する必要がありそうです。

```
var pageid = parseUrl( location.hash );
```

　関数 parseUrl に「location.hash」を渡しているので、現在のパスを渡すように変更します。「location.pathname」は、例えば、現在のURLが「http://example.com/pages/page1.html」だとしたら、「/pages/page1.html」の部分だけを返してくれます。

サンプルファイル：chp05-05/02/myRouter.js
```
var pageid = parseUrl( location.pathname );
```

　関数 parseUrl も変更の必要があります。次のように実装していました。

```
function parseUrl(url) { return url.slice(1) ||1; };
```

これを次のように変更します。通常は、引数をそのまま返すようにしておけばいいでしょう。ただし、location.pathname が「/」だったときは、「/index.html」を返すようにしておきます。

サンプルファイル：chp05-05/02/myRouter.js
```js
function parseUrl(url) {
  if(url == "/") url = "/index.html";
  return url;
}
```

ここまでで一度ブラウザで確認してみましょう。エラーが出ています。該当箇所を確認すると、「nextPage がないため、enter メソッドが見つからない」ということのようです。毎回エラー表示から原因を探るのも面倒なので、次のように書いてわかりやすくエラーを出すようにしましょう。

サンプルファイル：chp05-05/02/myRouter.js
```js
scanLast(urlHistory, function(prev, next){
  var prevPage = getPage(pageObjects, prev)
    , nextPage = getPage(pageObjects, next);

  if(! nextPage) throw new Error( pageid +
"に対応するページがありません");          ❻
```

変数 nextPage が空だったら、pageid を添えてエラー出力するようにします（❻）。変数 nextPage が見つからないということは、pageid に対応する Page オブジェクトが存在しないということなので、その旨をわかりやすいようにしました。ブラウザで確認してみると、次のように表示されています。

```
Error: /index.html に対応するページがありません
```

つまり、index.html に対応する Page オブジェクトを関連付けておけばいいということなので、index.js を次のように変更します。合わせて他部分も変更します。

サンプルファイル：chp05-05/02/index.js
```js
myRouter.add( "/index.html", $("<section class='page'/>"),
createEnterFunc("./index.html"), leave);
myRouter.add( "/page2.html", $("<section class='page'/>"),
createEnterFunc("./page2.html"), leave);
myRouter.add( "/page3.html", $("<section class='page'/>"),
createEnterFunc("./page3.html"), leave);
myRouter.add( "/page4.html", $("<section class='page'/>"),
createEnterFunc("./page4.html"), leave);                 ❼

$(".page").detach();                                     ❽
```

myRouter.add の第1引数を index.html などのように HTML 名に変更します（❼）。そし

て、class名「page」を持つ要素をDOMツリーから外します（❽）。

　ここまでで一度ブラウザで、「http://localhost:ローカルサーバのポート/index.html」にアクセスして確認してみましょう。リンクをクリックすると、ページ全体が更新されるようになってしまいました。リンクのクリックをJavaScriptでハンドリングするように変更を加えます。

　index.jsに次のJavaScriptを追加します。

```
$(document).on("click", ".page a", function(e){        ❾
  e.preventDefault();                                  ❿

  var href = $(this).attr("href");                     ⓫
  history.pushState( null, null, href );               ⓬
});
```

　要素の追加削除に関わらずclickイベントをハンドリングできるようにdelegateします（❾）。そして、デフォルト動作をキャンセルします（❿）。a要素の場合は、画面遷移をキャンセルすることになります。次に、a要素からhref属性を取り出し、変数hrefに代入します（⓫）。そして、「history.pushState」を呼び出し、URLを変更します（⓬）。

　ブラウザで確認してみましょう。リンクをクリックして、アドレスバーを確認してみてください。確かにURLが変更されています。ちゃんと画面遷移するようにしましょう。

　pushStateしたときpopstateイベントは起きないので、その都度関数urlChangeHandlerを呼び出すようにします。myRouter.jsに新しく、関数navigateを定義します。

サンプルファイル：chp05-05/03/myRouter.js
```
function navigate( url ) {                             ⓭
  history.pushState( null, null, url);                 ⓮
  urlChangeHandler();                                  ⓯
}

window.myRouter = {
  add: add,
  navigate: navigate,                                  ⓰
  start: start
};

})();
```

　関数navigateでは、変更後のURL文字列を引数として受け取ります（⓭）。「history.pushState」でURLを変更して履歴を追加し（⓮）、関数urlChangeHandlerを呼び出して遷移処理を実行します（⓯）。そして、関数navigateを公開します（⓰）。

　この関数navigateを使うようにindex.jsを変更します。

サンプルファイル：chp05-05/03/index.js
```
$(document).on("click", ".page a", function(e){
  e.preventDefault();
```

```
var href = $(this).attr("href");
myRouter.navigate( href );                    ⑰
});
```

a要素のhref属性を引数にして、関数navigateを呼び出します（⑰）。ブラウザで確認してみましょう。いい感じに動いていますね。これで完成です！

まとめ

このChapterでは、シングルページアプリケーションについて、その一部ではありますが重要な、URLと遷移管理、遷移処理について解説しました。今回作成したサンプルは、URLの管理が主な役割であり、そのような役割を持つオブジェクトは通常「ルーター」と呼ばれます。次のステップとして、既存ライブラリのルーター部分だけを今回作成したものに差し替えてみるのもいいかもしれません。多くのライブラリでは、ルーターは差し替え可能であったり、中には外部ルーターライブラリの使用を想定しているものもあります。

また、ここまで学習した内容を活かしてChapter-01で解説したオブザーバーパターンを使い、URLに対してリスナーを設定できるようにしてもいいでしょう。

COLUMN

ローカルサーバの構築に使えるアプリとコマンド

開発内容によっては、ローカルサーバを構築し、ドキュメントルートを指定して、ローカルサーバを起動する必要があります。例えば、ページのリソースの読み込みパスが「/javascript/main.js」のようにサイトルート相対パスで記述されている場合、ファイルの拡張子が「.php」だったりする場合、History APIなどのようにWebサーバ上でないと動作しないものを使用する場合です。そんなときに利用できるアプリケーションやコマンドを紹介します。

アプリケーション・コマンド	説明
XAMPP（Windows）、MAMP（Mac OS）	XAMPP・MAMPは、インストール型のアプリケーションです。WebサーバとしてApache、DBサーバとしてMySQLを、GUIから起動することができます。MAMPでは、GUIからPHPのバージョンを選択できたり、ドキュメントルートを設定することができます。XAMPP・MAMPともに、GUIだけでなく通常のApacheサーバと同様に、httpd.confファイルで設定を記述することもできます。 XAMPP：https://www.apachefriends.org/jp/ MAMP：http://www.mamp.info/

PHPビルトインサーバ	DBサーバが不要であれば、XAMPP・MAMPをインストールせずに、もっと手軽にローカルサーバを起動する方法があります。開発マシンにPHP 5.4以上がインストールされている場合、以下のコマンドを実行してみてください（コマンドはMac OSの例）。なお、Mac OSの最新版では、PHP 5.5.14が最初からインストールされています。
	＜カレントディレクトリを対象ディレクトリに移動＞
	$ cd ~/path/to/DocumentRoot/
	＜サーバを起動＞
	$ php -S localhost:8000
	参考：http://php.net/manual/ja/features.commandline.webserver.php

INDEX

記号

__proto__ プロパティ ………………………………… 10
@keyframes プロパティ ……………………………… 126

A

addClass メソッド ……………………………………… 125
addEventListener ………………………………………… 38
Ajax ………………………………………………………… 96
ajax メソッド …………………………………………… 148
Angular.js ……………………………………………… 112
animationEnd イベント ……………………………… 127
animation プロパティ ………………………………… 126
appendTo メソッド …………………………………… 119
apply メソッド …………………………………………… 20
arcTo メソッド …………………………………………… 66
arc メソッド ……………………………………………… 66
Away3D …………………………………………………… 63

B

Backbone.js …………………………………………… 112
beginPath メソッド ……………………………………… 65
bezierCurveTo メソッド ………………………………… 66
bindAll メソッド ………………………………………… 103
bind メソッド …………………………………………… 20, 149

C

call メソッド ……………………………………………… 20
Canvas ……………………………………………… 60, 62
clearRect メソッド ……………………………………… 69
click イベント ………………………………………… 40, 42
closePath メソッド ……………………………………… 65
Closure …………………………………………………… 13
createRadialGradient メソッド ………………………… 82
CSS Animations …………………………………… 121, 126
CSS Transitions …………………………………… 121, 124

D・E

Deferred ……………………………………… 96, 125, 130
Deferred オブジェクト ………………………………… 98
delegate ………………………………………………… 54
detach メソッド ……………………………………… 117

ECMAScript Language Specification ……………… 96

F

fadeIn メソッド ………………………………………… 121
fadeOut メソッド ……………………………………… 122
fadeToggle メソッド …………………………………… 122
fetch メソッド ………………………………………… 100
fillStyle プロパティ …………………………………… 65
fill メソッド ……………………………………………… 65
filter メソッド ………………………………………… 102

G・H・I

globalCompositeOperation 属性 ……………………… 85
gradient.addColorStop メソッド ……………………… 83
hashchange イベント ………………………………… 116
hide メソッド …………………………………………… 122
History API …………………………………………… 151
invoke メソッド ……………………………………… 102

L・M

lineTo メソッド ………………………………………… 66
load イベント ………………………………………… 41, 53
location.hash プロパティ …………………………… 116
location.pathname プロパティ ……………………… 153
MAMP …………………………………………………… 151
map メソッド ………………………………………… 101
Math.random …………………………………………… 78
moveTo メソッド ……………………………………… 66
mustache …………………………………………… 105

O・P・Q

Observer ………………………………………………… 16
pending ………………………………………………… 97
popstate イベント …………………………………… 152
Promise ……………………………………… 96, 125, 130
Promise/A+ ……………………………………………… 96
prototype ……………………………………………… 10
prototype プロパティ ………………………………… 10
pushState メソッド …………………………………… 151
quadraticCurveTo メソッド …………………………… 66

R
rect メソッド ……………………………………… 65
reduce メソッド ………………………………… 102
rejected ……………………………………………… 97
removeClass メソッド ………………………… 125
replaceState メソッド ………………………… 151
requestAnimationFrame メソッド …………… 70
resize イベント ……………………………… 41, 50
resolved …………………………………………… 97
resolve メソッド ………………………………… 98

S
setInterval メソッド …………………………… 67
setTimeout メソッド …………………………… 67
slideDown メソッド …………………………… 122
slideToggle メソッド ………………………… 122
slideUp メソッド ……………………………… 122
SPA ……………………………………………… 112
state ………………………………………………… 97

T・U
then メソッド …………………………………… 97
this ………………………………………………… 19
three.js …………………………………………… 63
transition プロパティ ………………………… 124
Underscore.js ……………………………… 92, 101
URL のハンドリング ………………………… 116
url プロパティ ………………………………… 136

W・X
WebGL …………………………………………… 63
webkitAnimationEnd イベント ……………… 127
XAMMP ………………………………………… 151

ア
イベントオブジェクト ………………………… 39
イベントフェーズ ……………………………… 39
イベントリスナー ……………………………… 38
イベント処理 …………………………………… 34
オブザーバー …………………………………… 16
オブジェクト指向プログラミング …………… 8

カ
拡張性 ……………………………………………… 8
可変長非同期通信パターン …………………… 99

キャプチャフェーズ …………………………… 40
クライアントテンプレート ………………… 106
クロージャ ……………………………………… 13
グローバルスコープ …………………………… 13
コールバックパターン ………………………… 98

サ
再利用性 …………………………………………… 8
状態保持パターン ……………………………… 99
シングルページアプリケーション ………… 112
スコープ ………………………………………… 13
疎結合 ……………………………………………… 9

タ
ターゲットフェーズ …………………………… 40
テンプレートエンジン ……………………… 105
データの検索 …………………………… 93, 101
データの取得 …………………………… 93, 96
データの表示 …………………………… 93, 105

ハ
ハッシュ ………………………………………… 116
バブリングフェーズ …………………………… 40
パーティクルシステム ………………………… 60
非同期通信 ……………………………………… 96
描画コンテキスト ……………………………… 64
フィルタ・ソート機能付き表コンテンツ …… 94
フリップアニメーション …………………… 132
プロトタイプ …………………………………… 10
プロトタイプチェーン ………………………… 11
プロトタイプ汚染 …………………………… 101
並列処理 ………………………………………… 96
保守性 ……………………………………………… 8

マ・ラ
モーダルウィンドウ …………………………… 34
ラジアン ………………………………………… 66
リアルタイムバリデーション ………………… 22
ルーター ………………………………………… 112
ループ …………………………………………… 107
ローカルスコープ ……………………………… 13

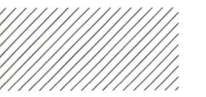

PROFILE

太田智彬

1987年東京都生まれ。テクニカルディレクター／エンジニア。大規模サイトの構築やWebアプリケーションの開発を経て、テクニカルディレクターとしてフロントアーキテクトに従事。Webサービスのパフォーマンス改善、制作フローの効率化なども担当している。朝に弱く、どんなに強く揺さぶられても起きない。そのため遅刻しがちである。著書『現場で役立つCSS3デザインパーツライブラリ』（エムディエヌコーポレーション）、『使って学べるjQuery実践ガイド』（マイナビ）ほか。

田辺丈士

テクニカルディレクター。2006年から国外某所にてWebサイト制作に携わる。2007年にIMJグループであるユナイティアに入社。その後、株式会社アイ・エム・ジェイにて、現在までテクニカルディレクターとしてWebサイト制作に従事している。

新井智士

テクニカルディレクター／エンジニア。2007年頃から都内Web制作会社にFlashエンジニアとして勤務。2013年に株式会社アイ・エム・ジェイ入社。

大江遼

茨城県出身。フロントエンドエンジニア。ECサイトの運用を経て、Webサイトの構築を担当している。何にでも楽しみを見つけることが得意で、日々の制作を公私ともに楽しんでいる。

株式会社アイ・エム・ジェイ（http://www.imjp.co.jp/）

代表取締役社長兼CEO竹内真二。1996年7月設立。 インターネット領域に軸足をおき、Web及びモバイルインテグレーション事業における豊富な知見・実績を強みに、スマートフォンを含むマルチデバイス対応や最新デバイスにおける研究開発、さらには戦略策定・集客・分析（Webデータ解析・効果検証等）まで様々なソリューションをワンストップで提供することで、顧客のデジタルマーケティング活動におけるROI（投資対効果）最適化を実現する。

装丁・デザイン　宮嶋章文
編集　　　　　関根康浩・今里了次
DTP　　　　　株式会社シンクス

ブレイクスルー JavaScript
フロントエンドエンジニアとして越えるべき５つの壁
オブジェクト指向からシングルページアプリケーションまで

2015年4月16日　初版第1刷発行

著　　者　　太田智彬・田辺丈士・新井智士・大江遼・株式会社アイ・エム・ジェイ
発　行　人　　佐々木 幹夫
発　行　所　　株式会社 翔泳社（http://www.shoeisha.co.jp）
印刷・製本　　株式会社 廣済堂

©2015 Tomoaki Ota, Takeshi Tanabe, Satoshi Arai, Ryo Ohe, IMJ Corporation
＊本書は著作権法上の保護を受けています。本書の一部または全部について（ソフトウェアおよびプログラムを含む）、株式会社 翔泳社から文書による許諾を得ずに、いかなる方法においても無断で複写、複製することは禁じられています。
＊本書へのお問い合わせについては、006ページに記載の内容をお読みください。
＊落丁・乱丁はお取り替えいたします。03-5362-3705までご連絡ください。

ISBN 978-4-7981-3905-0　　Printed in Japan